值得珍藏的梭编蕾丝小物

日本靓丽社　编著

刘晓冉　译

河南科学技术出版社

·郑州·

目 录

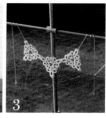

❀ p.4、5 ❀

三角形耳坠、项链

❀ p.10 ❀ ❀ p.11 ❀ ❀ p.12 ❀

圆形花片 镜子挂链 流苏耳坠

❀ p.18、19 ❀ ❀ p.20 ❀

四叶草手链、发卡 芳香吊坠

❀ p.26 ❀ ❀ p.27 ❀

报春花耳坠、胸针 报春花项链

5 6 7 8 9

❖ p.6、7 ❖
复古玫瑰项链、耳环

❖ p.8、9 ❖
蒲公英耳坠、手链

15、16 17、18 19 20、21 22

❖ p.13 ❖
烟花耳坠、花片

❖ p.14 ❖
心形项链、挂链

❖ p.15 ❖
四叶草杯垫

❖ p.16 ❖
闪亮的耳坠、项链

❖ p.17 ❖
甜甜圈迷你装饰垫

27 28 29、30 31 32、33

❖ p.21 ❖
六角形花片拼接杯垫

❖ p.22 ❖
方形花片胸针

❖ p.23 ❖
三角旗挂饰

❖ p.24 ❖
立体花朵装饰发梳

❖ p.25 ❖
立体花朵耳夹、胸花

38、39 40 41 42、43

❖ p.28、29 ❖
迷你连衣裙胸针、包挂

❖ p.30 ❖
线团包

❖ p.31 ❖
线梭袋

3

三角形
耳坠、项链

这款漂亮的三角形花片，用基本的梭编技巧就能轻松制作完成，真是令人开心。可以做成没有耳的，清爽利落；也可以做成有耳的，增加华丽感。从p.51开始，有步骤图进行详细讲解。

1

组合方法不同，耳坠的风格也不同。金色的作品 1 做成倒三角形，并加了链条。简洁的作品 2 选择了红色的线编，非常亮眼。

2

3

这款项链就像迷你三角旗。有耳的作品3使用了
白色线，更加凸显梭编的纹路。没有耳的作品4用
金属色线编织而成，闪耀着柔和的金属光泽。

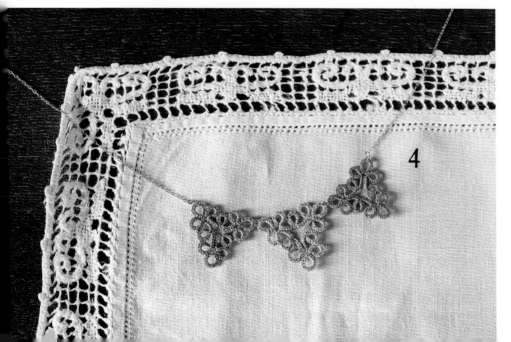

4

❖ 制作方法 p.48 ❖

设计…limy
线…1、4梭编蕾丝线<金属色>
　　2、3梭编蕾丝线<中>

5

这款设计新颖的玫瑰花片，拥有像手绘图一样的线条。以作品 7 的花片为基础，作品 6 增加了外围的花瓣，作品 5 又增加了叶子。可以根据喜好灵活运用，真开心。

6

制作方法 p.56

设计···sumie
线···5 梭编蕾丝线<金属色>
6、7 梭编蕾丝线<细>

7

蒲公英耳坠、手链

8

这款像蒲公英一样的花片有很多纤细的耳，细腻精致。浅黄色给人留下清爽的印象。作品 9 的手链由花片相连而成。

9

❀ 制作方法 p.58 ❀

设计…Tiny Flowers* 枝 贵子
线…梭编蕾丝线<细>

可以直接做装饰,也可以穿上链条或皮绳。作品11突出了编结圆环的美。作品10编了大量的长耳。

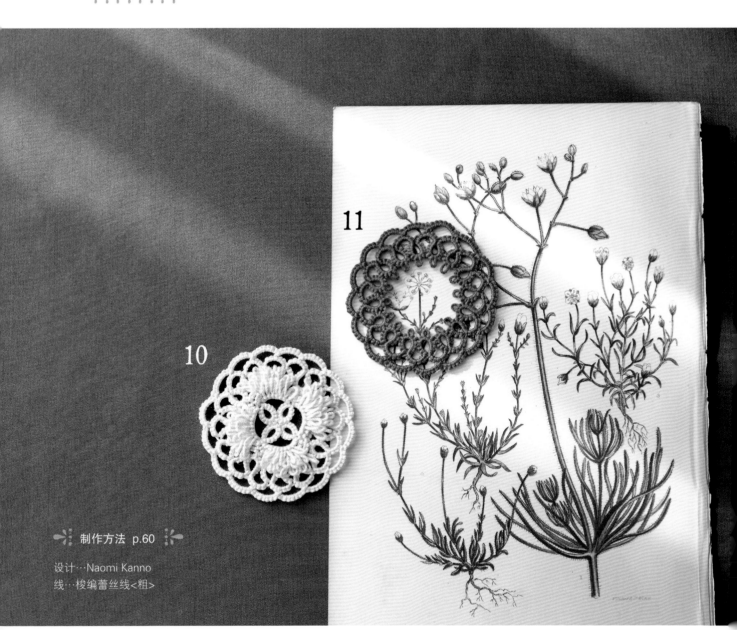

11

10

🌸 制作方法 p.60 🌸

设计…Naomi Kanno
线…梭编蕾丝线<粗>

12

镜子挂链

组合作品 10 与作品 11 的花片，做成了镜子挂链。放入一个小镜子的设计十分新颖。

制作方法 p.60

设计…Naomi Kanno
线…梭编蕾丝线<中>

流苏耳坠

13

14

这款在花片上连接流苏的设计，令人不禁联想到捕梦网。
先制作长耳，再修剪成流苏。

制作方法 p.59

设计⋯filigne 伊礼千晶
线⋯13 梭编蕾丝线<中>
　　14 梭编蕾丝线<粗>

烟花耳坠、花片

15

16

这款花片像极了绽放在夜空中的绚烂烟花。组合2种优雅的粉色,设计出了这款有多种用途的长耳花片。

制作方法 p.62

设计…filigne 伊礼千晶
线…梭编蕾丝线<中>
梭编蕾丝线<金属色>

心形项链、挂链

无论年龄几何，爱心形状的饰物总能让人心动不已。利用耳可以做成项链和挂链。

17

18

※ 制作方法 p.65

设计…Tiny Flowers* 枝 贵子
线…17 梭编蕾丝线<细>
　　18 梭编蕾丝线<中>

四叶草杯垫

将作品 17、18 的心形花片连接起来，就做成了四叶草花片。只有 1 片花片选用浅米色线编织，作为重点色。

制作方法 p.66

制作方法 p.66

设计…Tiny Flowers* 枝 贵子
线…梭编蕾丝线<中>

闪亮的耳坠、项链

这款饰物使用长耳和珍珠进行点缀，虽然制作方法十分简单，却给人深刻的印象。
最后固定上珠子。

制作方法 p.67

设计…Naomi Kanno
线…20 梭编蕾丝线<金属色>
　　21 梭编蕾丝线<粗>

甜甜圈迷你
装饰垫

这款甜甜圈装饰垫由若干个作品 20、21 的花片组成。中间有很大的空隙，装饰小插花或花瓶最适合。也可以作为画框使用。

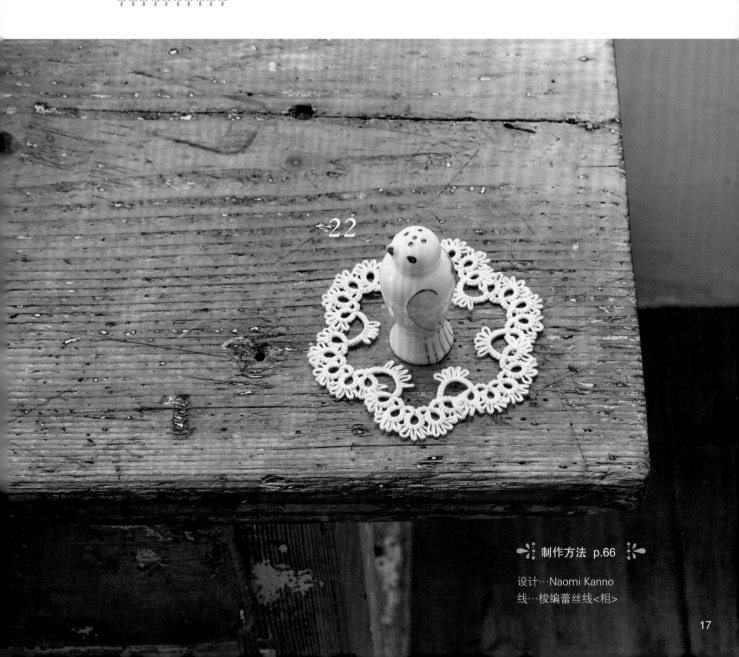

22

制作方法 p.66

设计···Naomi Kanno
线···梭编蕾丝线<粗>

23

24

四叶草手链、发卡

利用四片小小的叶子组合而成的织带，做出了充满北欧风格的手链和发卡。一边编织，一边确定自己喜欢的长度。

制作方法 p.68 　　设计…Tiny Flowers* 枝 贵子
线…23 梭编蕾丝线<金属色>
24、25 梭编蕾丝线<中>

芳香吊坠

在小小的花片中，放入了一粒芳香珠。如果你想时刻有芳香萦绕，不妨试着做一做。还加了一个小小的流苏装饰。

制作方法 p.74 设计…Naomi Kanno
线…梭编蕾丝线<中>

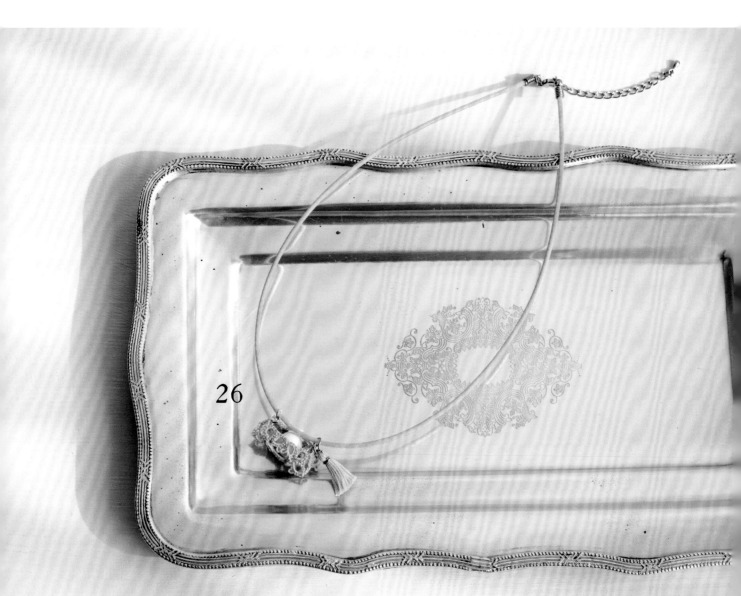

26

27

六角形花片拼接杯垫

这款本白色的杯垫，由六角形花片连接而成。在编织中度过一段快乐的手工时光吧！

制作方法 p.74

设计…Naomi Kanno
线…梭编蕾丝线<粗>

28

方形花片胸针

用金属色梭编线，编织出大小不同的 2 个
方形花片，再组合成漂亮的胸针。点缀上
一颗珍珠，更显精致典雅。

❖ 制作方法 p.71 ❖

设计…Ankini 竹下直美
线…梭编蕾丝线<金属色>

三角旗挂饰

能随手装饰空间的三角旗，用梭编蕾丝也能完成。因为花片十分小巧，所以更适合装饰较小的空间。还可以根据喜好增加花片的数量。

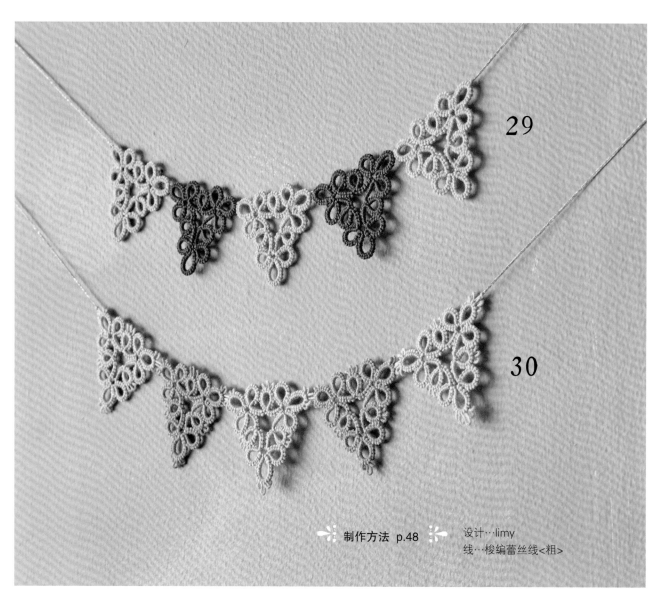

29

30

制作方法 p.48

设计…limy
线…梭编蕾丝线<粗>

23

立体花朵装饰发梳

螺旋状的花瓣旋转重叠，就形成了充满立体感的花朵花片。将立体花朵排列在发梳上，再用珍珠作为花芯即可。

31

制作方法 p.76

设计…filigne 伊礼千晶
线…梭编蕾丝线<金属色>
梭编蕾丝线<中>

立体花朵耳夹、胸花

虽然花片的设计与作品 31 相同，但是奶油色与浅褐色的配色，呈现出完全不同的风格。只使用基础技法就能制作完成。

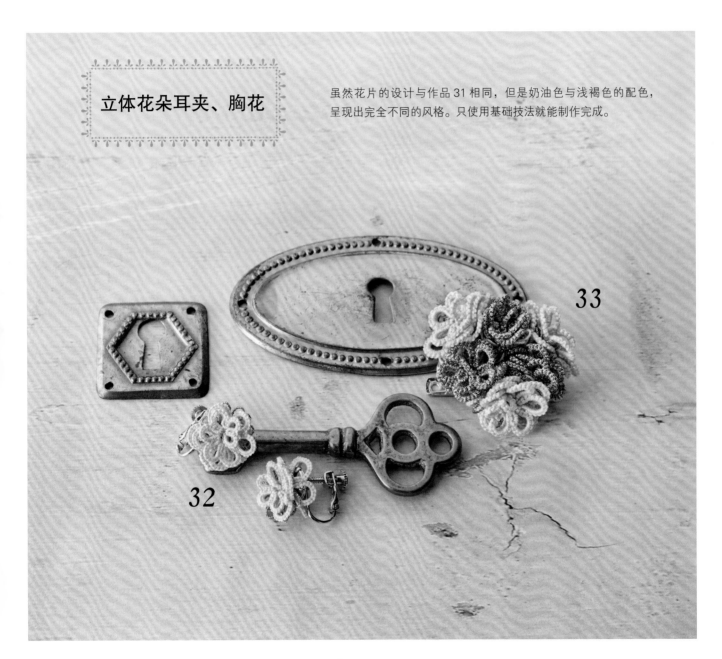

33

32

❖ 制作方法 p.76 ❖   设计…filigne 伊礼千晶
线…32 梭编蕾丝线<细>、梭编蕾丝线<金属色>
　　33 梭编蕾丝线<中>、梭编蕾丝线<金属色>

34

35

36

报春花耳坠、胸针

多层花瓣的设计十分可爱。作品 34 使用金属色蕾丝线制作，充满古典韵味。作品 35、36 是增加了花瓣后制作而成的包扣胸针。

制作方法 p.81

设计…Tiny Flowers* 枝 贵子
线…34　梭编蕾丝线<金属色>
　　35、36　梭编蕾丝线<中>

报春花项链

用大小各异的报春花花片组合在一起做成了这款项链。花片用圆环相连，制作简单，配色均衡。

制作方法 p.81

设计···Tiny Flowers* 枝 贵子
线···梭编蕾丝线<中>
　　梭编蕾丝线<细>

37

迷你连衣裙胸针、包挂

这款腰间装饰蝴蝶结的泡泡袖连衣裙，光看着就让人充满幸福感。作品 38、39 为胸针，作品 40 为包挂。

40

制作方法 p.78

设计…Tiny Flowers* 枝 贵子
线…梭编蕾丝线<中>

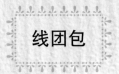

线团包

41

这款小包造型圆润可爱，是为了放入线团而设计的。将线团包挂在手腕上，梭编时线团不会乱滚，使用起来非常方便。

❧ **制作方法 p.84** ❧   设计…limy
线…梭编蕾丝线<中>

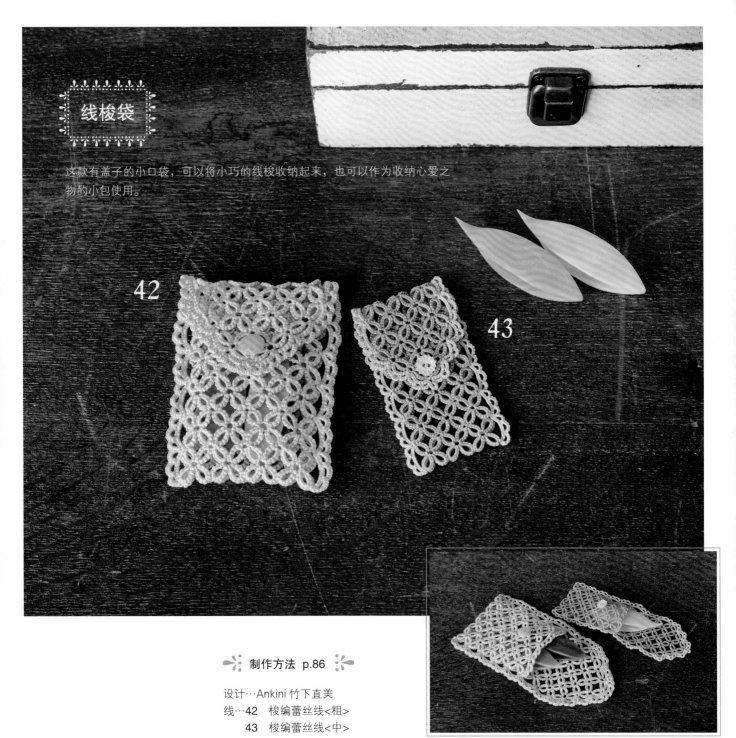

线梭袋

这款有盖子的小口袋，可以将小巧的线梭收纳起来，也可以作为收纳心爱之物的小包使用。

42

43

❧ 制作方法 p.86 ❧

设计…Ankini 竹下直美
线…42　梭编蕾丝线<粗>
　　43　梭编蕾丝线<中>

制作前的准备

❋ 线与工具

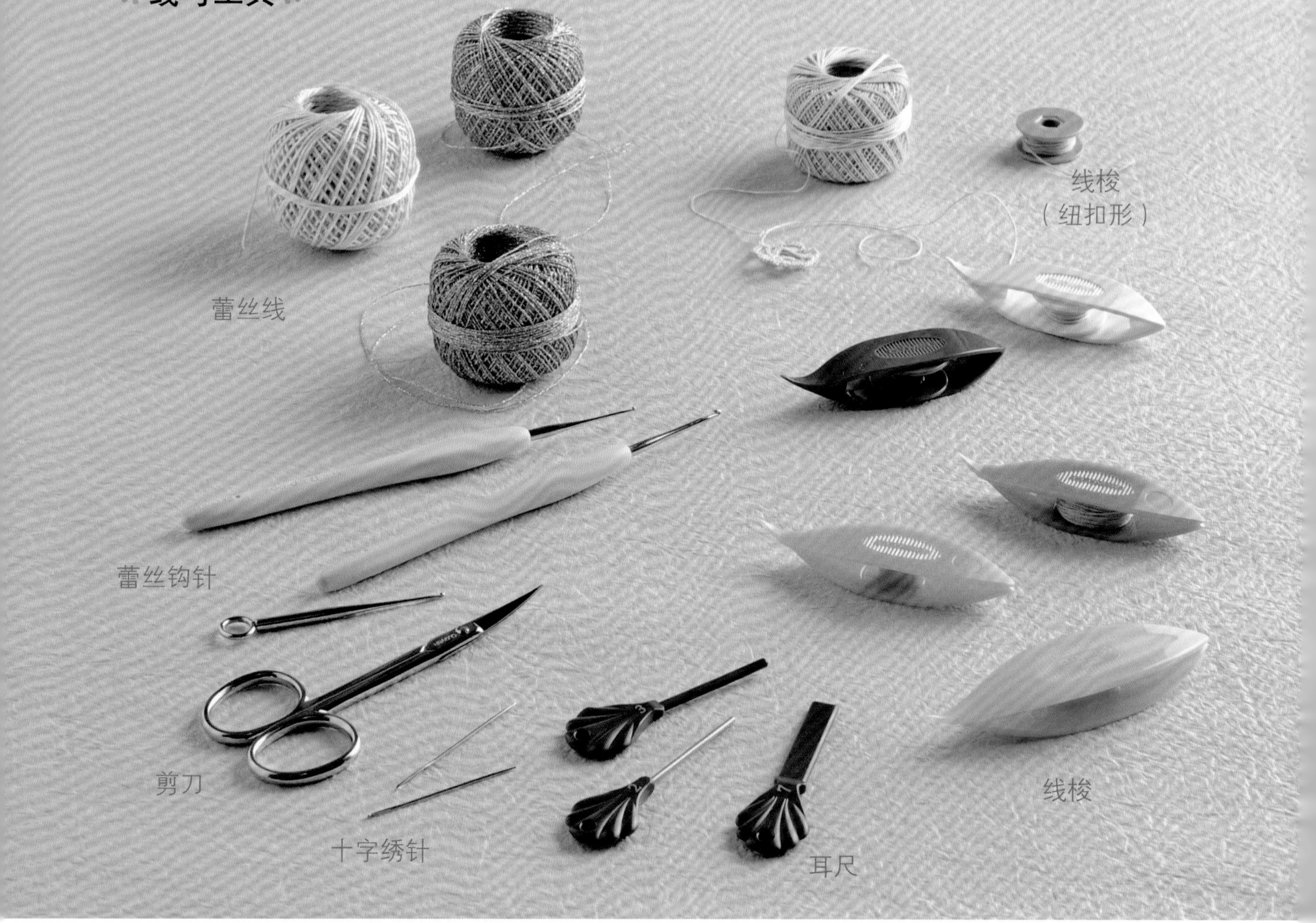

蕾丝线

线梭
（纽扣形）

蕾丝钩针

剪刀

十字绣针

耳尺

线梭

线梭
船形的缠线工具。
顶端有尖头的线梭，可以将线拉出，也可以拆解针目，十分方便。
既有可以缠更多线的大号线梭，也有纽扣形的线梭。
纽扣形的线梭，中间的纽扣可以取出，换色或缠线更简单。

工具提供：Clover股份有限公司

蕾丝线

本书中，均使用 Olympus 的梭编蕾丝线〈粗〉、
〈中〉、〈细〉、〈金属色〉，共 4 种。
各个作品的制作方法页中标明的使用量，是大
致参考标准，制作者的手劲不同，用量也会因
人而异。
建议大家事先准备比标明的用量更多的蕾丝
线。

梭编蕾丝线 ＜ 粗 ＞
（相当于 #20 ）

梭编蕾丝线 ＜ 中 ＞
（相当于 #40 ）

即使是编织相同的花片，线的粗细不同，
也会导致成品的大小或风格有所不同。

※ 图片上的花片基本为实物等大。

梭编蕾丝线 ＜ 细 ＞
（相当于 #70 ）

梭编蕾丝线 ＜ 金属色 ＞
（相当于 #40 ）

蕾丝钩针

用于拉出细小部分的线。
也有更方便用于梭编蕾丝的悬挂式钩针。

剪刀

选择顶端较细、刀刃锋利的手工用剪刀，使用更加方便。

十字绣针

用于作品收尾或线头处理。

耳尺

用于制作长耳，或想要统一耳的长度时使用。

锁边液（右图左）

用于固定蕾丝线收尾时的线头。使用
后，即使在针目的边缘剪断蕾丝线，也
不易散开。

手工用胶水（右图右）

用于处理线头等。
选择瓶口较细、干透后无色透明的胶
水，使用更加方便。

❋ 基本用语 ❋

基本的绳结 梭编蕾丝由基本的绳结"元宝针"相连而成。

* 元宝针

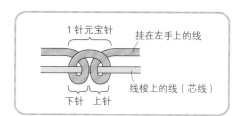

1针元宝针　挂在左手上的线

下针　上针　线梭上的线（芯线）

1 根线按照"下针""上针"的顺序缠绕在芯线上的状态，称为"元宝针"。这 1 组针目计为 1 针元宝针。

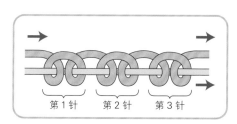

第1针　第2针　第3针

左图为重复 3 次，编织好 3 针元宝针时的样子。针与针之间紧密不留空隙，连续制作而成。

环、架桥、耳 通过组合"环""架桥""耳"，制作出各种各样的图案。

* 环

将 1 根线梭上的线挂在左手上，制作针目。最后通过拉线，收紧成环状。

* 架桥

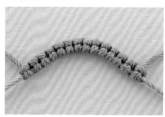

用线梭上的线和挂在左手上的线，2 根线一起制作针目。架桥就是排列成线状的针目形成的自然的弧度。

* 耳

耳

耳

在元宝针的针目与针目之间制作而成的线圈状的装饰。除了装饰作用，还可以用于连接环或架桥。根据不同的设计，可以做得长一些，也可以做得短一些，还可以变换大小。

❧ 编织图的看法 ❧

在本书中，作品的制作方法与各种技法，均使用编织图直观表达。下面讲解编织图的看法。在各页的编织图处，也会用文字讲解制作步骤，请参考。

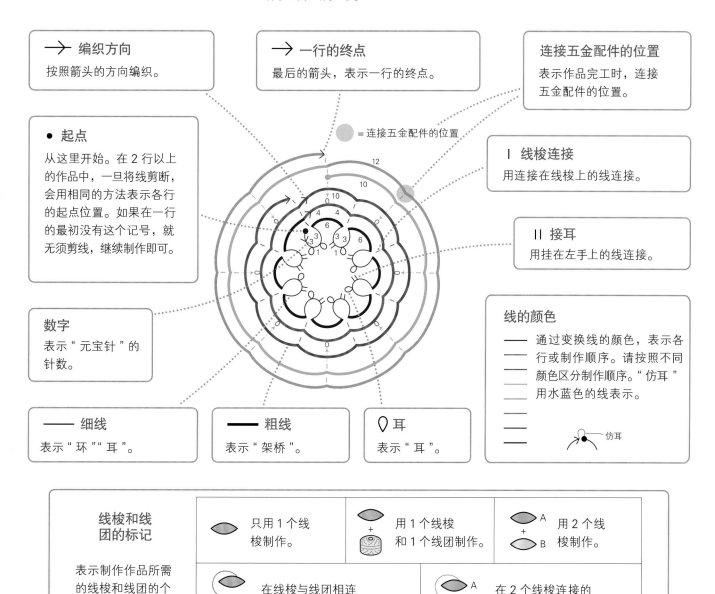

→ 编织方向
按照箭头的方向编织。

→ 一行的终点
最后的箭头，表示一行的终点。

连接五金配件的位置
表示作品完工时，连接五金配件的位置。

● 起点
从这里开始。在 2 行以上的作品中，一旦将线剪断，会用相同的方法表示各行的起点位置。如果在一行的最初没有这个记号，就无须剪线，继续制作即可。

Ⅰ 线梭连接
用连接在线梭上的线连接。

Ⅱ 接耳
用挂在左手上的线连接。

数字
表示"元宝针"的针数。

= 连接五金配件的位置

线的颜色
—— 通过变换线的颜色，表示各行或制作顺序。请按照不同颜色区分制作顺序。"仿耳"用水蓝色的线表示。

仿耳

—— 细线
表示"环""耳"。

—— 粗线
表示"架桥"。

♀ 耳
表示"耳"。

线梭和线团的标记

表示制作作品所需的线梭和线团的个数、状态。

只用 1 个线梭制作。	用 1 个线梭和 1 个线团制作。	用 2 个线梭制作。
在线梭与线团相连的状态下制作。		在 2 个线梭连接的状态下制作。

梭编蕾丝的基础

❖ 在线梭上缠线 ❖

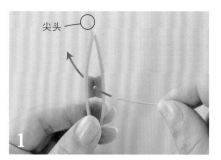

尖头

1 用左手竖着拿住线梭，尖头歪向左侧，将线穿过中间的孔。

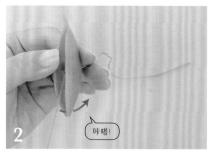

咔嗒！

2 用食指和中指夹住穿过去的线头，将连接着线团的线，按照箭头方向，穿过线梭中间绕向外侧。

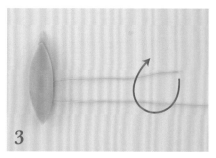

3 按照箭头方向用线头做一个线圈。

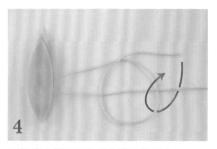

4 再将线头按照箭头方向穿入线圈中。

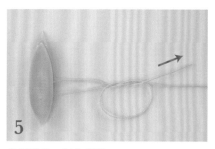

5 拉紧线头，制作绳结。

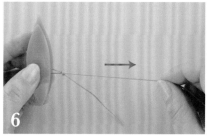

6 拉住连接着线团的线，将绳结移动至线梭中间。

7 将线头一侧的线，保留约5mm长后剪断。

咔嗒！

8 用左手竖着拿住线梭，尖头歪向左侧，将线从内向外均匀缠绕在线梭上。

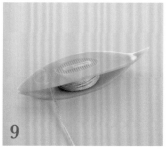

9 线缠好了。需要注意的是，有的作品会在这里将线剪断开始制作，有的作品则保持与线团相连开始制作。

重点！

×

缠线厚度不要超出线梭的高度。请注意，如果缠线过多，超出的线可能会被弄脏，或导致线梭的口无法闭合。

❈ 线梭的拿法 ❈

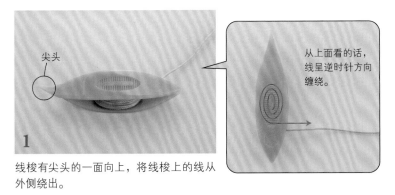

从上面看的话，线呈逆时针方向缠绕。

1 线梭有尖头的一面向上，将线梭上的线从外侧绕出。

2 用右手的食指和拇指捏住线梭，尖头和食指朝向同一方向，将线梭拿在手中。

❈ 编织环 ❈

使用 1 根缠在线梭上的线制作。

将线挂在左手上

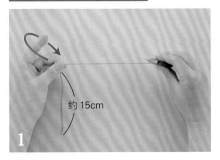

1 拉出缠绕在线梭上的线，在距离线头约 15cm 处，用左手的拇指和中指捏住线，并挂在竖起的食指上。

约 15cm

2 继续将线挂在小指上，用左手的拇指和中指捏住转了一圈的线。

3 捏住后的样子。挂在左手上的线形成了线圈。

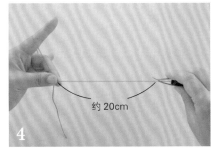

4 从左手捏住的位置到线梭之间，长度约为 20cm。

约 20cm

在中指上挂线的方法

在本书中，多用上述方法挂线。另外也有像右图一样，用拇指和食指捏住线，再挂在中指上的方法。请选择一种您更易操作的方法挂线，制作针目。

编织元宝针

※本书作品编织方法中如未特别注明，均为编织元宝针。

下针

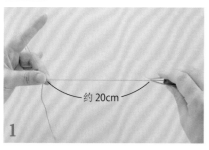

1 从左手捏住的位置到线梭之间，长度约为20cm。

2 右手如箭头所示操作，一边从线的下方穿过，一边转动手腕。

3 在右手的指背一侧挂线。保持姿势，在左手拇指和食指之间的渡线下方，按照箭头方向穿入线梭。

4 捏住线梭穿过时，使左手上的线滑入右手与线梭之间。

5 线梭从线的下方穿过。这次，从线的上方穿回线梭。

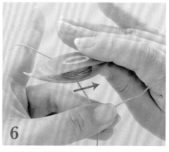

6 捏住线梭穿过时，使左手的线滑入右手拇指与线梭之间。

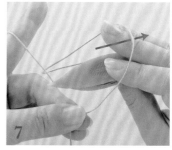

7 线梭从线的上方穿过。继续用右手拉出。

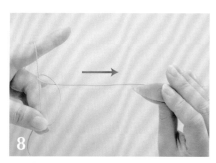

8 放掉挂在右手指背上的线，线梭上的线如图所示绕过左手的线。

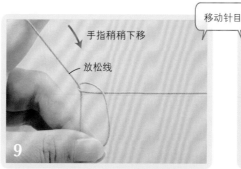

手指稍稍下移

放松线

9 左手的食指稍稍下移，放松挂在左手上的线。

移动针目

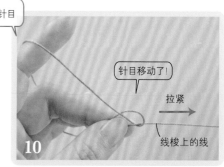

针目移动了！

拉紧

线梭上的线

10 拉动右手上的线，拉紧线梭上的线。左手的线，变为缠在线梭上的状态（线梭上的线称为芯线）。这叫作"移动针目"。

11

拉紧线梭上的线。缠绕在左手上的线拉紧后，就编织成了"下针"。

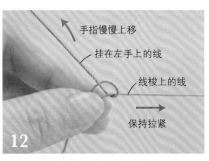

12

左手的食指慢慢上移，轻轻拉紧，同时用左手的拇指和中指，将针目移动至捏住的位置。

13

下针编织好了。

上针

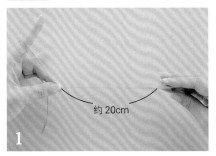

1

用左手的拇指和中指紧紧捏住制作好的下针，捏住的位置到线梭之间，长度约为20cm。

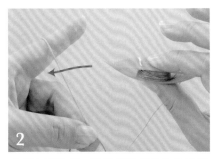

2

右手上不挂线，直接使线梭从左手拇指和食指之间的渡线上方穿过。

3

捏着线梭，从左手的线的上方，按照箭头方向滑动。

4

线梭穿过线的上方后，从线的下方穿回。

5

捏着线梭穿过时，使左手的线滑入右手食指与线梭之间。

6

线梭穿过了线的下方。继续用右手拉出。

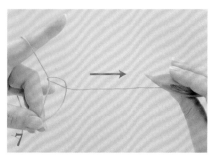

7

线梭上的线，变为缠在左手线上的状态。

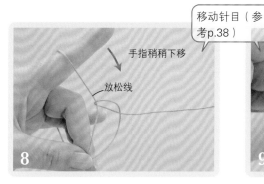

移动针目（参考p.38）

手指稍稍下移
放松线

8

左手的食指稍稍下移，放松挂在左手上的线。

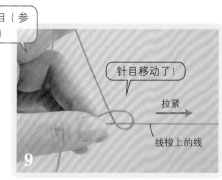

针目移动了！
拉紧
线梭上的线

9

拉紧线梭上的线，移动针目。左手上的线，变为缠在线梭上的线上（线梭上的线成为芯线）。

这就是上针。

10

拉紧线梭上的线。拉紧左手的线后，就编织成了"上针"。

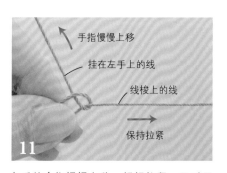

手指慢慢上移
挂在左手上的线
线梭上的线
保持拉紧

11

左手的食指慢慢上移，轻轻拉紧，同时用左手的拇指和中指，将针目移动至捏住的位置。

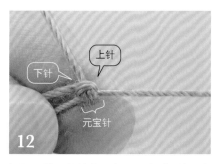

上针
下针
元宝针

12

紧邻下针，上针编织好了。完成1针元宝针。

13

上图为交替编织下针和上针，连续编织4针元宝针的样子。

重点！

如果没有正确移动针目……

※为了更加清晰易懂，更换了线的颜色。

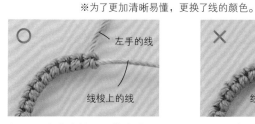

○ 左手的线
线梭上的线

如果正确移动针目，挂在左手上的线是缠绕着的状态，元宝针整齐地横向排列。

× 左手的线
线梭上的线

如果没有正确移动针目，线梭上的线变为缠绕着的状态，不能拉紧成环。

重点!

在制作的过程中，如果挂在左手上的线圈变小了……

 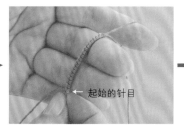 

← 起始的针目

随着针目的增加，挂在左手上的线圈会逐渐变小。

保持将线挂在左手上，用右手捏住小指一侧线圈上的线向下拉，扩大线圈。这时，一边用左手轻轻捏住起始的针目，一边拉线。

拉紧线圈成环

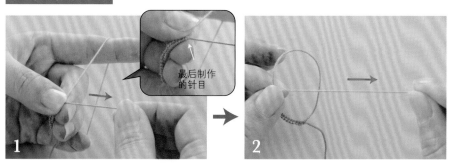

最后制作的针目

1

2

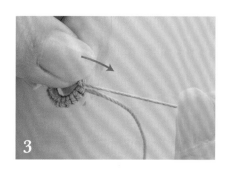

3

制作所需数量的针目后，用左手捏住最后制作的针目，用右手拉线梭上的线，拉紧线圈。

拉紧，直到最初的针目与最后的针目挨紧。

4

环的完成图。

重点!

拉线方向

O

×

沿着线圈的走向，自然拉线。

如果随意向一个方向拉线会无法完全拉紧，针目间也会出现空隙。

❋ 编织架桥 ❋

使用线梭上的线和线团的线。
这里为了更加清晰易懂，使用 2 种颜色的线进行说明。

将线挂在左手上

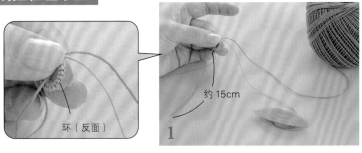

环（反面）

约 15cm

在环后继续编织架桥时，将翻转后的环（参考p.43）放在距离线团的线头约 15cm 处，用左手拇指和中指一起捏住。

竖起食指，将线团的线挂在食指上。

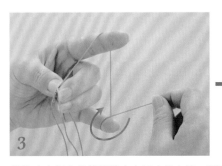

将挂在食指上的线继续在左手小指上绕一两圈，使线固定，不会松开。

弯曲小指。

编织元宝针   ※ 参考 p.38 ~ 40 的"编织元宝针"制作针目。

下针

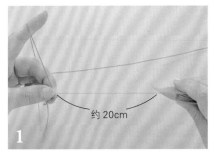

约 20cm

从左手捏住的位置到线梭之间，长度约为 20cm。

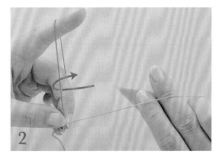

从左手食指挑起的线上穿过线梭。

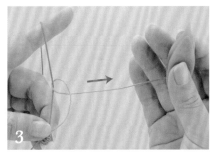

拉动线梭上的线，移动针目。

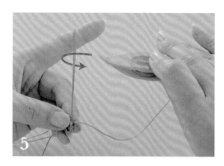

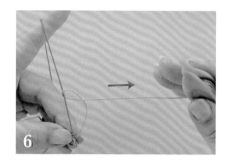

紧邻环，编织好了架桥的下针。

从左手食指挑起的线上穿过线梭。

拉动线梭上的线，移动针目。

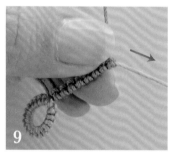

紧邻下针，编织好了上针。完成1针元宝针。

上图为交替重复编织下针和上针，连续编织8针元宝针后的样子。

用左手捏住最后制作的针目，拉紧线梭上的线，使之针目挨紧（针目挨紧后，会形成自然的弧度）。

架桥编织好了。线团的线缠在线梭上的线上。

翻转

翻转是"翻至反面"的意思。
编织环或架桥时，需要保持弧度向上的方向制作。
在编织图中，如果环或架桥的弧度方向是反的，从环编至架桥（或从架桥编至环）时，需要将作品翻至反面，使之前编织好的向上的弧度变为向下。（正反面的看法请参考 p.44）

①环（正面）　③环（正面）

②架桥（反面）④架桥（反面）

➤＝ 翻转位置

①（正面）

①（反面）

②（正面）

②（反面）

③（正面）

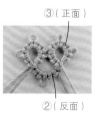

③（反面）

④（正面）

❀ 编织耳 ❀

1 制作下针时，不将线完全拉紧，而与前一针之间，保持2根线平行，空出间隔，用左手捏住下针。

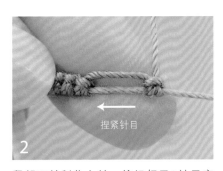

2 紧邻下针制作上针，编织好了1针元宝针。拉住线梭上的线，将刚编织好的针目拉紧，靠在前一针的旁边。

3 拉好的样子。编织好了耳和后一针。耳的高度是空出的间隔尺寸的一半。

4 继续编织针目。保持相同的大小编织耳的前后针目。

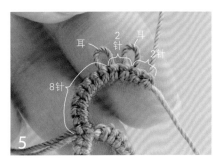

5 因为耳是在针目与针目之间编织的，所以不计入针目。编织耳的同时，也就制作了后一针。请注意针目的算法。

重点！

编织长耳时，或想要编织大小一致的耳时，也可以使用耳尺。（参考 p.63）

作品的正反面

元宝针有正反之分，可以通过观察耳的根部的绳结来区分。

正面

反面

耳的根部有绳结的小疙瘩，元宝针并列排列。

耳的根部没有绳结的小疙瘩，纵向有2根渡线。

环上的耳作为正面时

架桥的耳作为正面时

一边翻转一边制作作品时，在1个作品中会出现正反两面。如边缘的耳、数量较多的耳等，将作品中耳明显更多的一面作为正面使用。

错误针目的拆解方法

拆解环的针目时，扩大线圈的方法

最后的耳

1

用手捏住最后制作的耳的前后针目，打开针目与针目间（☆）的空隙。

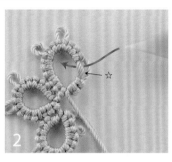

2

针目与针目间（☆）的空隙打开后的样子。用线梭的尖头挑住芯线。

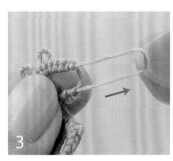

3

拉出挂在线梭上的线。

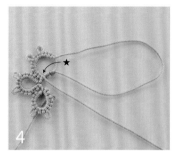

4

拉到一定程度后，打开环的根部（★）。

5

用两手紧紧捏住环的根部的左右针目，按照箭头方向拉开左侧的针目。

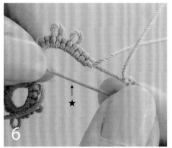

6

环的根部（★）打开了。左手捏着针目，用右手拉出★的线。

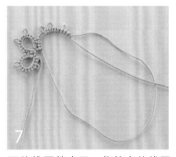

7

环的线圈扩大了。将扩大的线圈挂在左手上，继续补足针目或拆解针目。

> **重点！**
>
> 在没有耳的情况下，或环拉得过紧导致芯线无法拉出的情况下，需要在环的中间位置将线剪断，拆解针目，再用"一重接绳结"（参考 p.46）连接新线，重新制作环。

拆解上针

1

按照箭头方向，将线梭的尖头插入元宝针的顶部。

2

继续将线梭穿过扩大的线圈中。

3

上针拆开了。

拆解下针

  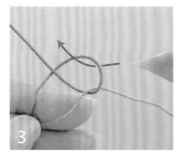 

1	2	3	4
按照箭头方向，插入线梭的尖头，拆开绳结。	按照箭头方向继续拉动线梭。	从扩大的线圈中取出线梭，按照箭头方向，从另一侧重新插入线梭并继续穿入线圈中。	下针解开了（上图为拆好1针元宝针的下针和上针后的样子）。

❧ 中途线不够时的处理方法 ❧

对于有接耳（参考p.51）的作品，如果中途线梭上的线不够了，则从下一个环开始换成新线制作。

   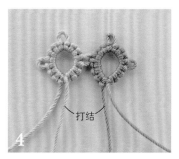

1	2	3	4
如果线梭上剩余的线较少，在开始编织下一个环前，将线从线梭上拆下。	用缠上新线的线梭编织下一个环，编织接耳时，连接在前一个环上。	继续编织剩余的针目，拉紧环的线圈。	将前一个环编织终点的线头与新线的线头打结。

5

最后在反面处理线头。

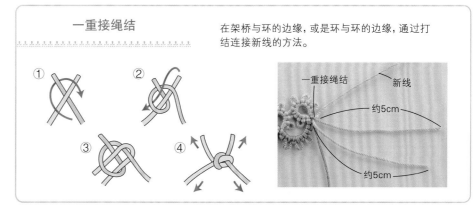

一重接绳结

在架桥与环的边缘，或是环与环的边缘，通过打结连接新线的方法。

❧ 处理线头 ❧

缝入线头的方法 ※线头在反面打结的方法，请参考p.54。

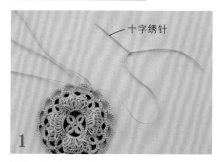

1 将线头打结后，保留约15cm长后剪断，穿入十字绣针中。

2 按照箭头的方向，将针从前向后穿入绳结中。

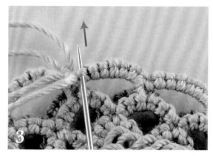

3 针穿进去后的样子。继续从后面将针拔出。

4 按照箭头的方向，将针再一次从后向前穿入绳结中。

5 针穿进去了。继续从前面将针拔出。按照相同的方法重复步骤2～5，将线头缝入绳结中。

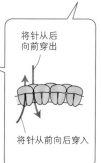

将针从后向前穿出

将针从前向后穿入

6 穿过三四个针目后，在边缘剪断线头。剩余的线头也用相同的方法缝入其他的元宝针针目中。

❧ 五金配件的使用方法 ❧

圆环、C字环

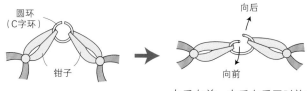

向后

向前

将圆环的接口向上，用钳子夹住。

左手向前、右手向后同时旋转圆环，打开接口。将配件穿入打开的接口中，再同时反向旋转圆环，闭合接口。

重点！

○　×

请注意，如果像×一样左右打开圆环，就不能完美地闭合了。

T字针、9字针

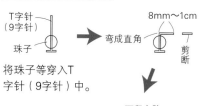

T字针（9字针）

珠子

8mm～1cm

弯成直角

剪断

将珠子等穿入T字针（9字针）中。

不留空隙

圆嘴钳

旋转钳子，将T字针（9字针）的顶端拧成环。

p.4、5　1、2、3、4　p.23　29、30

❖ 使用线材 ❖

Olympus 梭编蕾丝线

1〈金属色〉金色（T407）约6m
2〈中〉红色（T217）约7m
3〈中〉白色（T201）约10m
4〈金属色〉紫色（T402）约6m
　〈金属色〉银色（T401）约3m
29〈粗〉浅米色（T303）约13m
　〈粗〉褐色（T304）约9m
30〈粗〉浅米色（T303）约14m
　〈粗〉黄色（T311）约9m

❖ 其他材料 ❖

1 耳坠五金配件（带环的宝石座　#1088　PP31
金色）1组
圆环（2.3mm　金色）4个
圆环（3mm　金色）2个
链条（金色）14cm
施华洛世奇元素（#1088　PP31　水晶/F）
2个
2 耳坠五金配件（U字形　银色）1组
圆环（3mm　银色）4个
3 圆环（3mm　金色）2个
带扣的链条（金色）34cm
4 圆环（3mm　银色）2个
带扣的链条（银色）40cm
29、30 喜欢的线或绳子等　约120cm

❖ 工具 ❖

线梭　1个

❖ 完成尺寸 ❖

参考图片

❖ 制作方法 ❖

1. 制作花片。
2. 连接五金配件等。

＊花片B的制作方法，在
p.51~55用图片进行
了讲解。

1　花片A
（2片）

3.2cm

3.5cm

● = 连接圆环的位置

2　花片B
（2片）

3.5cm

3.7cm

花片A

❶ 按照5针、耳、9针、耳、3针编织，制作环。
❷ 按照3针、接耳、5针、耳、（1针、耳）4次、5针、耳、3针编织，制作环。
❸ 按照3针、接耳、9针、耳、5针编织，制作环。
❹ 翻转，将线团的线挂在左手上，编织6针的架桥。
❺ 翻转，按照6针、接耳、（1针、耳）4次、6针编织，制作环。
❻ 翻转，将线团的线挂在左手上，编织6针的架桥。
❼ 翻转，按照5针、接耳、9针、耳、3针编织，制作环。
❽ 重复编织1次步骤❷~❼。
❾ 重复编织1次步骤❷~❹。
❿ 翻转，按照6针、接耳、（1针、耳）3次、1针、折2次的接耳、6针编织，制作环。
⓫ 翻转，将线团的线挂在左手上，编织6针的架桥。

花片B

❶ 按照5针、耳、9针、耳、3针编织，制作环。
❷ 按照3针、接耳、7针、耳、7针、耳、3针编织，制作环。
❸ 按照3针、接耳、9针、耳、5针编织，制作环。
❹ 翻转，将线团的线挂在左手上，编织6针的架桥。
❺ 翻转，按照6针、接耳、4针、耳、6针编织，制作环。
❻ 翻转，将线团的线挂在左手上，编织6针的架桥。
❼ 翻转，按照5针、接耳、9针、耳、3针编织，制作环。
❽ 按照3针、接耳、14针、耳、3针编织，制作环。
❾ 翻转，按照3针、接耳、9针、耳、5针编织，制作环。
❿ 重复编织1次步骤❹~❾。
⓫ 翻转，将线团的线挂在左手上，编织6针的架桥。
⓬ 翻转，按照6针、接耳、4针、折2次的接耳、6针编织，制作环。
⓭ 翻转，将线团的线挂在左手上，编织6针的架桥。

3 花片
（3片）

※按照与花片A相同的方法制作。
（第3片的2个角编织接耳）

※ 按照1~3的顺序制作。
● ＝连接圆环的位置

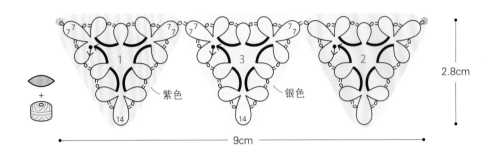

3.7cm

12cm

4 花片
（紫色2片、银色1片）

※按照与花片B相同的方法制作，
在2个角上制作耳。（第3片的2
个角编织接耳）

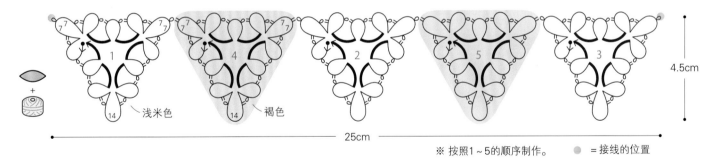

紫色
银色
14

2.8cm

9cm

29 花片　（浅米色3片、褐色2片）　※按照与花片B相同的方法制作，在2个角上制作耳。（第4、5片的2个角编织接耳）

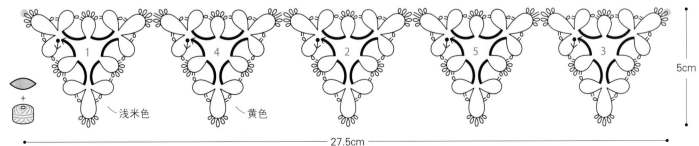

浅米色
褐色
14

4.5cm

25cm

※ 按照1~5的顺序制作。　　● ＝接线的位置

30 花片　（浅米色3片、黄色2片）※按照与花片A相同的方法制作。（第4、5片的2个角编织接耳）

浅米色
黄色

5cm

27.5cm

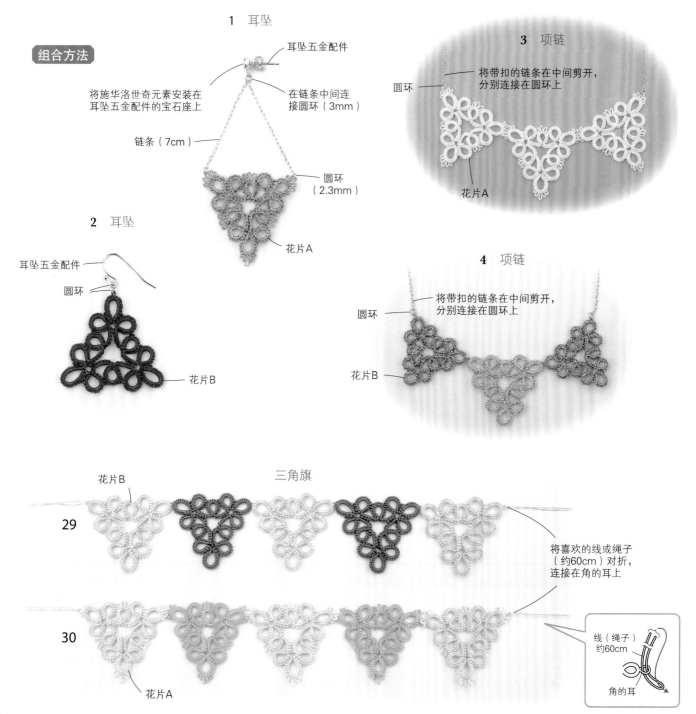

1 耳坠

组合方法

耳坠五金配件

将施华洛世奇元素安装在耳坠五金配件的宝石座上

在链条中间连接圆环（3mm）

链条（7cm）

圆环（2.3mm）

花片A

2 耳坠

耳坠五金配件

圆环

花片B

3 项链

圆环

将带扣的链条在中间剪开，分别连接在圆环上

花片A

4 项链

圆环

将带扣的链条在中间剪开，分别连接在圆环上

花片B

三角旗

花片B

29

花片A

30

将喜欢的线或绳子（约60cm）对折，连接在角的耳上

线（绳子）约60cm

角的耳

50

2 花片 B 的制作方法

※为了更加清晰易懂，更换了线的颜色。

1

将线梭上的线挂在左手上，制作最初的环。

2

"5针、耳、9针、耳、3针"的环编织好了。

3

捏住环，在左手上挂线。

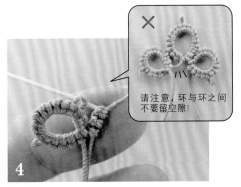

×

请注意，环与环之间不要留空隙！

4

紧邻第1个环，制作第2个环的最初3针。

连接接耳

挂在左手上的线

5

将第1个环的耳，放在挂在左手上的线的上方，按照箭头方向，用线梭的尖头挑起耳下面的线。

6

将线从耳中拉出，拉大线圈。

使用蕾丝针将线拉出的方法

蕾丝针

按照箭头的方向，用蕾丝针挑起耳下面的线。

将线从耳中拉出，拉大线圈。

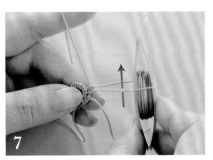

7

将线梭从下方穿入拉出的线圈中。

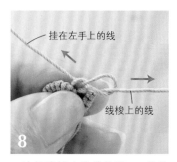

挂在左手上的线

线梭上的线

8

一边将线梭上的线拉紧，一边拉动挂在左手上的线，拉紧线圈。

9

上图为线圈拉紧了的样子。接耳连接完成。

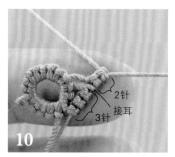

2针

3针 接耳

10

上图为继续编织好2针后的样子。接耳不计入针数。

接耳 第2个

第1个

11

第2个环编织好了。与第1个环用接耳连接。

接耳

第3个

12

一边用接耳连接第2个环，一边编织第3个环。

反面

13

翻转（上下调转，翻至反面）。

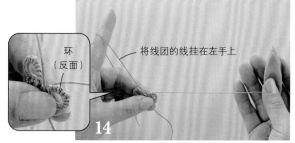

环（反面）

将线团的线挂在左手上

14

将翻转后的环和架桥用的线（留出15cm长的线头）用左手一起捏住，将线团的线挂在左手上。

15

编织6针的架桥。

将线梭上的线挂在左手上

16

再次翻转。将线团的线暂时放在一边备用，将线梭上的线挂在左手上。

17

上图为紧邻架桥，编织好环的第1针后的样子。

第4个

18

一边编织第4个环，一边用接耳和第3个环连接。

最后的环
要连接的耳（正面）
最初的环

19

编织最后一个环，编至要在最初的环上制作接耳前。一边用右手捏住最初的环，一边将其按照箭头的方向翻折。

要连接的耳（反面）

20

上图为翻折好1次后的样子，看着最初的环的反面，按照箭头的方向，再一次用右手扭转并翻折最初的环。

挂在左手上的线
要连接的耳（正面）

21

翻折了2次后的状态，看着最初的环的正面。按照箭头的方向，将线梭的尖头插入耳中，挑起挂在左手上的线。

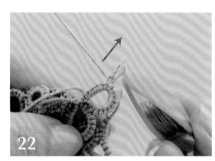

22

将线从耳中拉出，拉大线圈。

23

将线梭从下方穿过拉出的线圈。

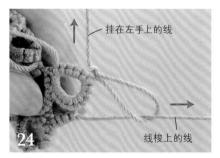

挂在左手上的线
线梭上的线

24

一边将线梭上的线拉紧，一边拉动挂在左手上的线，拉紧线圈。

25

上图为线圈拉紧了的样子。折2次的接耳编织好了。

26

继续编织环上剩余的针目。

最后的环　折2次的接耳

27

编织完最后的环的针目后，拉紧环的线圈前，将折叠的针目复原并展开。折2次的接耳编织好了。

线梭上的线

28

捏住最后制作的针目，拉动线梭上的线，拉紧环的线圈。

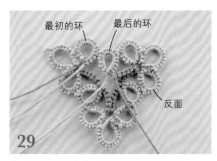

最初的环　最后的环

反面

29

完成最后的环，与最初的环的耳相连。

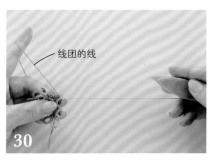

线团的线

30

将线团的线挂在左手上，制作剩余的架桥。

31

最后的架桥编织好了。

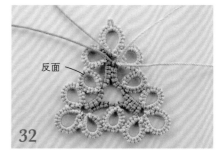

反面

32

调整花片的形状。

处理线头（线头在反面打结的方法）　※有2根线头时，也用相同的方法，将制作起点的1根线与制作终点的1根线打结处理。

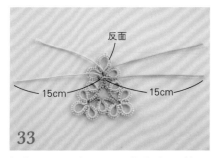

反面

15cm　15cm

33

将花片的反面向上放置，将线头分别保留约15cm长后剪断。

缠绕1次

34

将制作起点的1根线与制作终点的1根线缠绕1次。

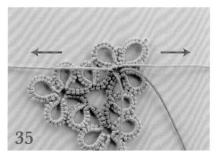

35

将缠绕后的线头分别向左右拉紧。

重点!

在第2次打结前,在第1次的绳结上涂抹少量胶水,使绳结不易散开。

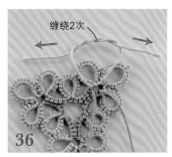

缠绕2次

36 再打结1次。这次将线缠绕2次。

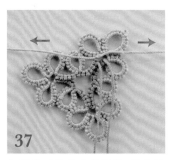

37 将缠绕后的线头慢慢地、均匀地分别向左右拉紧。

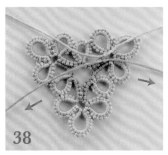

38 剩余的2根线也用相同的方法缠绕2次。

0.2~0.3cm

39 将线头分别保留0.2~0.3cm长后剪断。

40 在剪断处涂抹少量胶水。

41 使用牙签等的尖头,在花片的反面涂抹胶水,固定线头。

42 胶水干透后变得透明,制作完成。

作品的收尾

编好的作品,用熨斗的蒸汽调整形状。最后在反面喷洒熨烫用喷雾胶水,可以防污、防变形。

花片的连接方法(用接耳连接第2片以后的花片)

第2片花片

第1片花片

1 编织第2片花片,编至要与第1片花片相连前。按照箭头方向,将线梭的尖头插入第1片花片的耳中,拉出挂在左手上的线,制作接耳。

接耳

2 上图为第2片花片编至中途的样子。在耳的部分与第1片花片相连。

p.6、7　5、6、7

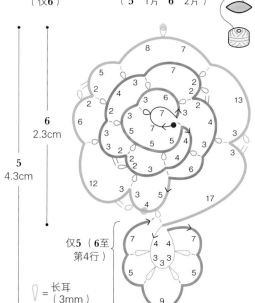

使用线材

Olympus 梭编蕾丝线

5〈金属色〉银色（T401）约3m
6〈细〉深粉色（T115）约5m
7〈细〉浅水蓝色（T110）约3m

其他材料

5 弧面C字环（3.7mm×5.5mm　银色）1个
带扣的链条（银色）55cm
6 耳坠五金配件（U字形　银色）1组
圆环（3mm　银色）8个
T字针（20mm　银色）6根
捷克火磨珠（3mm　水晶白色闪光）6颗
7 耳坠五金配件（U字形　银色）1组
圆环（3mm　银色）6个
T字针（20mm　银色）2根
捷克火磨珠（4mm　水晶白色闪光）2颗

工具

线梭　1个

完成尺寸

花片部分
5 横向2.9cm、纵向竖4.3cm
6 横向2.3cm、纵向竖2.3cm
7 横向1.5cm、纵向竖1.5cm

制作方法

1. 制作花片。
2. 连接五金配件等。

7　花片
（2片）

● = 连接圆环的位置

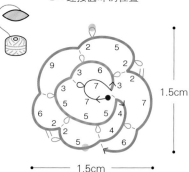

1.5cm

1.5cm

7　花片

第1、2行，按照与5、6相同的方法制作。

〈第3行〉
❶左右调转翻至反面，按照上针的编织方法打结1次（参考p.57）。
❷保持线团的线挂在左手上，按照4针、耳、4针编织架桥、线梭连接。
❸按照5针、耳、2针编织架桥、线梭连接。
❹按照2针、接耳、6针编织架桥、线梭连接。
❺编织9针的架桥、线梭连接。
❻按照2针、耳、5针、耳、2针编织架桥、线梭连接。
❼按照2针、接耳、7针编织架桥、线梭连接。
❽编织6针的架桥、线梭连接。

〈第4行〉
❶按照5针、耳、4针、耳、3针编织架桥、线梭连接。
❷按照3针、接耳、12针编织架桥、线梭连接。
❸按照6针、耳、2针编织架桥、线梭连接。
❹按照2针、接耳、5针编织架桥、线梭连接。
❺按照8针、耳、7针编织架桥、线梭连接。
❻按照13针、耳、3针编织架桥、线梭连接。
❼按照3针、接耳、17针编织架桥、线梭连接。

〈第5行〉
翻转，按照4针、长耳、（3针、长耳）3次、4针编织，制作环。

〈第6行〉
❶翻转，编织7针的架桥、线梭连接。
❷编织5针的架桥、线梭连接。
❸编织9针的架桥、线梭连接。
❹编织5针的架桥、线梭连接。
❺编织7针的架桥、线梭连接。

● = 5 连接弧面C字环的位置
　　6 连接圆环的位置

● = 连接圆环的位置
　　（仅6）

5、6
花片
（5　1片　6　2片）

6
2.3cm

5
4.3cm

仅5（6至第4行）

∇ = 长耳
（3mm）

5 2.9cm　6 2.3cm

5、6　花片

〈第1行〉
按照7针、耳、7针编织，制作环。

〈第2行〉
❶翻转，将线团的线挂在左手上，按照3针、耳、6针、耳、3针编织架桥、线梭连接。
❷按照3针、耳、5针、耳、5针、耳、5针编织架桥、线梭连接。

〈第3行〉
❶左右调转翻至反面，用编织上针的方法打结1次（参考p.57）。
❷保持线团的线挂在左手上，按照4针、耳、4针编织架桥、线梭连接。
❸按照3针、耳、2针、耳、2针编织架桥、线梭连接。
❹按照2针、接耳、3针、耳、3针编织架桥、线梭连接。
❺按照2针、耳、4针、耳、3针编织架桥、线梭连接。
❻按照7针、耳、2针、耳、2针编织架桥、线梭连接。
❼按照2针、接耳、4针、耳、3针编织架桥、线梭连接。
❽编织6针的架桥、线梭连接。

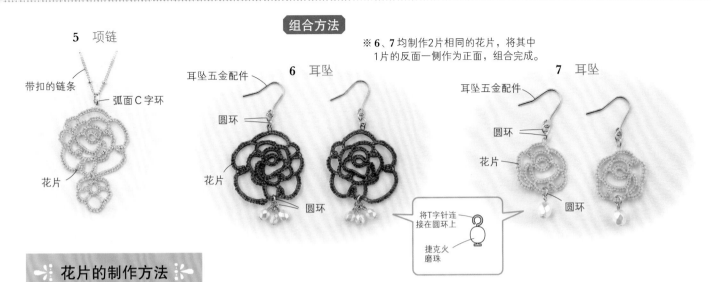

5 项链

- 带扣的链条
- 弧面C字环
- 花片

※6、7均制作2片相同的花片，将其中1片的反面一侧作为正面，组合完成。

6 耳坠

- 耳坠五金配件
- 圆环
- 花片
- 圆环

7 耳坠

- 耳坠五金配件
- 圆环
- 花片
- 圆环

将T字针连接在圆环上

捷克火磨珠

✿ 花片的制作方法 ✿

制作起点

制作起点

从线梭与线团相连的状态开始制作。

3

为了拆解交叉的线，制作1次上针。这时，不要移动针目，如图所示，2根线形成打结的状态。

第3行　※为了更加清晰易懂，更换了线的颜色。

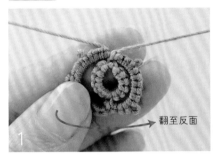

1

翻至反面

在第2行的最后，用线梭上的线连接后，按照箭头方向，左右调转翻至反面。

线团的线　　线梭上的线

交叉

2

上图为翻至反面后的样子。线团的线在线梭上的线的上方，二者交叉。

4

上图为将线拉紧了的样子。从这里开始，继续制作架桥。

5

上图为编织好了"4针、耳、4针"的架桥的样子。

p.8、9 8、9

❖ 使用线材 ❖

Olympus
梭编蕾丝线〈细〉
浅黄色（T105）
8 约6m
9 约13m

● = 连接9字针的位置

❖ 其他材料 ❖

8 耳坠五金配件（U字形　金色）1组
9 字针（20mm　金色）2根
　淡水珍珠（约5.5mm×7.5mm　白色）2颗
9 缎带扣（16mm　金色）2个
　C字环（3.5mm×5mm　金色）3个
　龙虾扣（金色）1个
　延长链（约3.5cm　金色）1个
　T字针（20mm　金色）1根
　淡水珍珠（约5.5mm×7.5mm　白色）1颗

❖ 工具 ❖

线梭　1个

❖ 完成尺寸 ❖

花片部分
8 直径3cm
9 长14.5cm、宽3cm

❖ 制作方法 ❖

1. 制作花片。
2. 连接五金配件、淡水珍珠。

第1行　第2行

〈第1行〉
❶ 按照2针、耳、3针、耳、2针、耳、3针、耳、2针编织，制作环。
❷ 按照2针、接耳、3针、耳、2针、耳、3针、耳、2针编织，制作3个环。
❸ 按照2针、接耳、3针、耳、2针、耳、3针、折2次的接耳、2针编织，制作环。

〈第2行〉
❶ 按照（2针、耳）2次、2针、接耳、（2针、耳）2次、2针编织，制作环。
❷ 翻转，将线团的线挂在左手上，按照3针、耳、（2针、耳）2次、3针编织架桥。
❸ 翻转，按照2针、耳、（2针、接耳）2次、（2针、耳）2次、2针编织，制作环。
❹ 重复编织8次步骤❷、❸。最后的环按照2针、耳、（2针、接耳）3次、2针、耳、2针编织。
❺ 重复编织1次步骤❷。

8 花片（2片）

3cm

9 花片（5片）

3cm

14.5cm

组合方法

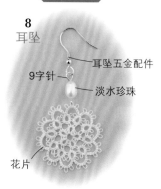

8 耳坠

耳坠五金配件
9字针
淡水珍珠
花片

组合方法

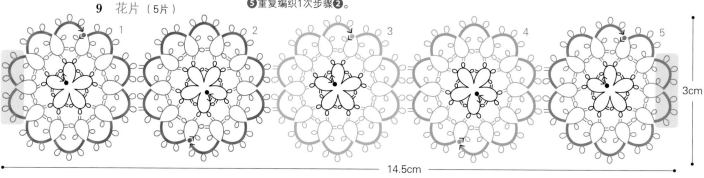

9 手链

淡水珍珠
T字针
缎带扣
C字环
C字环
延长链
花片
缎带扣
龙虾扣
C字环

▨ = 连接缎带扣的位置

※用与8的花片相同的方法制作，第2片以后第2行的两处用接耳连接。（按照1~5的顺序制作）

58

p.12 13、14

❋ 使用线材 ❋
Olympus 梭编蕾丝线
13〈中〉浅绿色（T209）约5m
14〈粗〉浅水蓝色（T310）约6m

❋ 其他材料 ❋
13、14 耳坠五金配件（U字形　银色）
1组
圆环（3mm　银色）6个
❋ 工具 ❋
线梭　1个

❋ 完成尺寸 ❋
花片部分
13 横向2cm、纵向3.8cm
14 横向2.8m、纵向5.3cm
❋ 制作方法 ❋
1. 制作花片。
2. 将长耳修剪至指定长度。
3. 连接五金配件。

13、14　花片
（各2片）

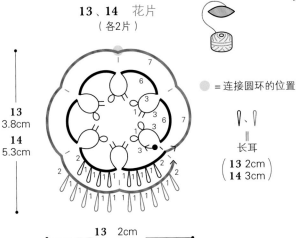

= 连接圆环的位置

13
3.8cm
14
5.3cm

13　2cm
14　2.8cm

长耳
（13 2cm
14 3cm）

〈第1行〉
❶ 按照3针、耳、1针、耳、3针编织，制作环。
❷ 翻转，将线团的线挂在左手上，编织6针的架桥。
❸ 翻转，按照3针、接耳、1针、耳、3针编织，制作环。
❹ 重复编织3次步骤❷、❸。
❺ 翻转，将线团的线挂在左手上，按照2针、长耳、（1针、长耳）3次、1
针编织架桥。
❻ 翻转，按照3针、接耳、1针、接耳、3针编织，制作环。
❼ 翻转，将线团的线挂在左手上，按照（1针、长耳）4次、2针编织架
桥、线梭连接。
〈第2行〉
❶ 将线团的线挂在左手上，编织7针的架桥、线梭连接。
❷ 重复编织3次步骤❶。
❸ 按照2针、长耳、（1针、长耳）4次、1针编织架桥、线梭连接。
❹ 按照（1针、长耳）5次、2针编织架桥、线梭连接。

※第2行的长耳，是将第1行向前面放倒后在后面制作的
（第2行向前侧的状态为花片的正面）。

重点!

用厚卡纸制作长耳

耳的高度

厚卡纸

长耳

某些高度的耳，无法使用耳尺制作。可将厚卡纸的宽度剪成与耳的高度相
同，将厚卡纸拿在左手，按照与使用耳尺相同的方法（参考p.63）制作。

组合方法

13　耳坠

耳坠五金配件

圆环

花片

将长耳修
剪至1.8cm

14　耳坠

耳坠五金配件

圆环

花片

将长耳修
剪至2.5cm

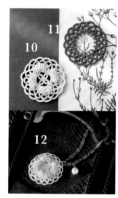

p.10　10、11　p.11　12

❀ 使用线材 ❀
Olympus
梭编蕾丝线
10〈粗〉本白色（T302）
约10m
11〈粗〉褐色（T304）
约6m
12〈中〉浅米色（T203）
约10m

❀ 其他材料 ❀
12 手工用镜子（直径3cm）1个
链子（银色）16cm
圆环（4mm　银色）2个
圆环（5mm　银色）1个
龙虾扣（银色）1个
T字针（20mm　银色）1根
仿珍珠珠子（8mm　白色）1颗

❀ 工具 ❀
线梭　1个

❀ 完成尺寸 ❀
10、11 直径5.8cm
12 直径4cm（花片部分）

❀ 制作方法 ❀
12
1.将花片A编织至第4行，将花片B编织至第1行，2片重叠，编织花片B的第2行。（中途放入镜子）
2.连接五金配件和仿珍珠珠子。

第1~3行　第4、5行

※第1~3行的架桥的耳，均为长耳。（10　5mm　12　3mm）

※第1~3行的架桥的长耳与长耳之间均为1针。

※12编织至第4行。

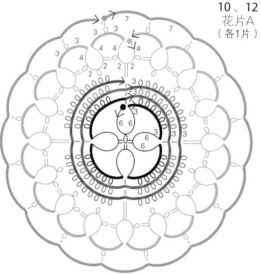

10、12
花片A
（各1片）

11、12
花片B
（各1片）

10、11
5.8cm

12
4cm

※12花片B在第2行与花片A反面相对重叠，编织线梭连接。中途放入镜子。（参考p.61）

花片A
〈第1行〉
❶按照6针、耳、6针编织，制作环。
❷翻转，将线团的线挂在左手上，按照3针、长耳、（1针、长耳）5次、3针编织架桥。
❸翻转，按照6针、接耳、6针编织，制作环。
❹重复编织2次步骤❷、❸。
❺重复编织1次步骤❷、线梭连接。
〈第2行〉
❶将线团的线挂在左手上，按照3针、长耳、（1针、长耳）7次、3针编织架桥、线梭连接。
❷重复编织3次步骤❶。
〈第3行〉
❶将线团的线挂在左手上，按照3针、长耳、（1针、长耳）9次、3针编织架桥、线梭连接。
❷重复编织3次步骤❶。

〈第4行〉
❶按照4针、耳、2针、接耳、2针、耳、4针编织，制作环。
❷翻转，将线团的线挂在左手上，按照3针、耳、3针编织架桥。
❸翻转，按照4针、接耳、（2针、耳）2次、4针编织，制作环。
❹重复编织2次步骤❷、❸，重复编织1次步骤❷。
❺按照4针、接耳、2针、接耳、2针、耳、4针编织，制作环。
❻重复编织2次步骤❷~❺。
❼重复编织1次步骤❷~❹（最后的环按照4针、接耳、2针、耳、2针、接耳、4针编织）。
〈第5行〉
❶在第4行的耳上编织线梭连接。
❷将线团的线挂在左手上，编织7针的架桥、线

梭连接。
❸重复编织15次步骤❷。
花片B
〈第1行〉
❶按照4针、耳、（2针、耳）2次、4针编织，制作环。
❷翻转，将线团的线挂在左手上，按照3针、耳、3针编织架桥。
❸翻转，按照4针、接耳、（2针、耳）2次、4针编织，制作环。
❹重复编织14次步骤❷、❸，重复编织1次步骤❷（最后的环按照4针、接耳、2针、耳、2针、接耳、4针编织）。
〈第2行〉
❶在第1行的耳上编织线梭连接。
❷将线团的线挂在左手上，编织7针的架桥、线梭连接。
❸重复编织15次步骤❷。

组合方法

12 镜子挂链

圆环（4mm）

T字针

圆环（5mm）

仿珍珠珠子

花片A

链子

圆环（4mm）

龙虾扣

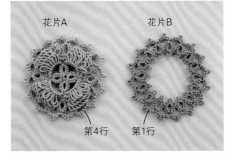

花片B

手工用镜子

12 镜子挂链的制作方法

※为了更加清晰易懂，更换了线的颜色。

花片A

花片B

第4行

第1行

上图为花片A编织至第4行，花片B编织至第1行的样子。

花片B 第2行

花片A（反面）

花片B（正面）

1 将2片花片反面相对重叠，拿在手中并使外围的耳重合。

2 看着花片B的正面，编织第2行。编织线梭连接时，按照箭头方向，将线梭穿入2个耳中，挑起线梭上的线。

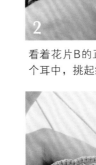

3 将挑起的线从耳中拉出，拉大线圈。

4 将线梭从下方穿过挑起的线圈，拉紧线梭上的线。

5 线梭连接的部分，2片花片呈并拢状态。中途放入镜子。

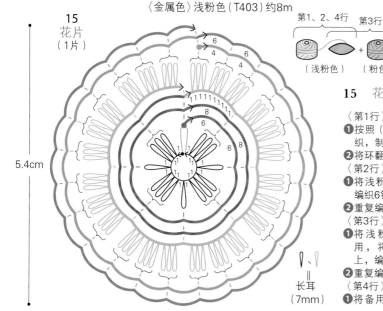

p.13 15、16

❖ 使用线材 ❖
Olympus
梭编蕾丝线
15〈中〉浅粉色（T207）约12m
〈金属色〉粉色（T403）约3m
16〈中〉浅粉色（T207）约5m
〈金属色〉浅粉色（T403）约8m

❖ 其他材料 ❖
16 耳坠五金配件（U字形　银色）1组
圆环（3mm　银色）2个
❖ 工具 ❖
线梭　1个

❖ 完成尺寸 ❖
花片部分
15 直径5.4cm
16 直径4.2cm
❖ 制作方法 ❖
16
1.制作花片。
2.连接五金配件。

15
花片
（1片）

5.4cm

第1、2、4行　第3行

（浅粉色）＋（粉色）

第5行　第6行

（浅粉色）＋（浅粉色）＋（粉色）

‖
长耳
（7mm）

15　花片

〈第1行〉
❶按照（1针、长耳）15次、1针编织，制作环。
❷将环翻面，编织仿耳。
〈第2行〉
❶将浅粉色线团的线挂在左手上，编织6针的架桥、线梭连接。
❷重复编织7次步骤❶。
〈第3行〉
❶将浅粉色线团的线放在旁边备用，将粉色线团的线挂在左手上，编织8针的架桥、线梭连接。
❷重复编织7次步骤❶。
〈第4行〉
❶将备用的浅粉色线团的线挂在左手上，按照（1针、长耳）9次、1针编织架桥、线梭连接。
❷重复编织7次步骤❶。
〈第5行〉
❶在前一行的耳上编织线梭连接。
❷将浅粉色线团的线挂在左手上，编织4针的架桥、线梭连接。
❸重复编织23次步骤❷。
〈第6行〉
❶将粉色线团的线挂在左手上，编织6针的架桥、线梭连接。
❷重复编织23次步骤❶。

16
花片
（2片）

4.2cm

＝ 连接圆环
的位置

‖
长耳
（3mm）

第1~3行　　第4、5行

（浅粉色）　（粉色）＋（粉色）

16　花片

第1、2行用与15相同的方法制作。
〈第3行〉
❶将线团的线挂在左手上，按照（1针、长耳）4次、1针编织架桥、线梭连接。
❷重复编织7次步骤❶。
〈第4行〉
❶在前一行的耳上编织线梭连接。
❷将线团的线挂在左手上，编织4针的架桥、线梭连接。
❸重复编织15次步骤❷。
〈第5行〉
❶将线团的线挂在左手上，按照（1针、长耳）5次、1针编织架桥、线梭连接。
❷重复编织15次步骤❶。

组合方法

16　耳坠

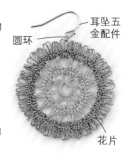

耳坠五金配件
圆环
花片

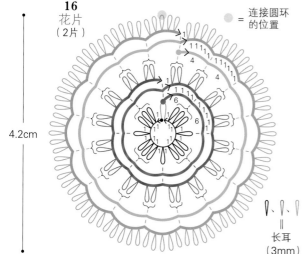

长耳
（耳尺的使用方法）

制作长耳时，容易出现长短不齐的情况，使用耳尺就能制作得很漂亮。如果没有耳尺，可以用宽度剪得与耳的高度相同的厚卡纸代替。

※为了更加清晰易懂，更换了线的颜色。

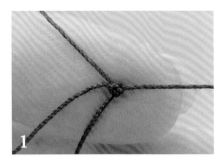

制作1针元宝针。（制作长耳之前那一针的样子）

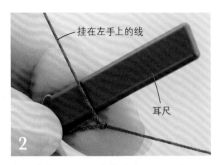

左手拿住耳尺，放在挂在左手上的线的后侧。

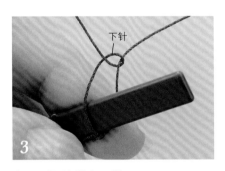

在耳尺的后侧编织下针。

将在步骤3中编织的下针，在耳尺的下方拉紧。

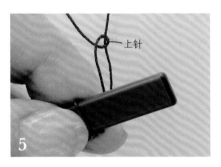

继续在耳尺的后侧编织上针，在耳尺的下方拉紧。

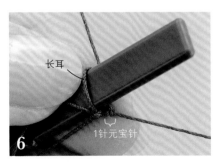

在耳尺的下侧，编织好了1针元宝针。挂在耳尺上的线就形成了长耳。

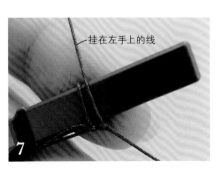

制作下一个长耳之前，务必将挂在左手上的线放在耳尺前侧。

上图为用相同的方法重复制作，完成所需针数后的样子。将耳尺从耳中取下。

仿耳　用不同于常规的制作方法，制作一行中最后的耳。但它看起来与普通的耳是一样的。可以不将线剪断，继续编织下一行。

1 第1行制作至仿耳之前，将环的线圈拉紧。

2 将环翻至反面，用左手捏住，将线团一侧的线挂在左手上。

挂在左手上的线　线梭上的线　下针

3 在与其他耳相同高度的位置编织下针（在图片中，为了更加清晰易懂，制作时没有拉紧）。

不移动针目的上针

4 继续编织上针，不移动针目，保持线梭上的线为缠绕状态。

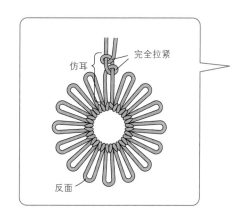

仿耳　完全拉紧

反面

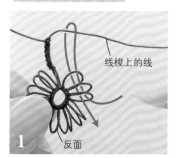

在与其他耳相同高度的位置，将线完全拉紧。仿耳编织好了。

第2行的线梭连接

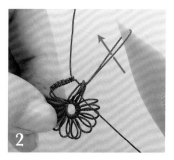

线梭上的线

反面

1 从仿耳继续编织第2行的架桥时，按照箭头的方向，将线梭的尖头穿过第1行的3个耳，挑起线梭上的线。

2 将挑起的线从耳中拉出，将线梭穿过拉伸的线圈。

线梭连接

3 连接了前一行的3个耳。

4 用相同的方法，重复编织架桥和线梭连接，继续制作第2行。

p.14 17、18

❖使用线材❖

Olympus 梭编蕾丝线

17〈细〉黑色（T118）约3m
18〈中〉褐色（T204）约4m

❖其他材料❖

17 带扣链条（古金色）40cm
圆环（4mm　古金色）2个
T字针（15mm　古金色）2根
仿珍珠珠子（4mm　白色）2颗
18 链条（古金色）15cm
圆环（4mm　古金色）1个
圆环（5mm　古金色）1个
龙虾扣（古金色）1个
T字针（15mm　古金色）1根
仿珍珠珠子（4mm　白色）1颗

❖工具❖

线梭　2个

❖完成尺寸❖

花片部分
17 横向3.5cm、纵向3.1cm
18 横向4.8cm、纵向4.2cm

❖制作方法❖

1.制作花片。
2.连接金属配件、仿珍珠珠子。

17、18　花片
（各1片）

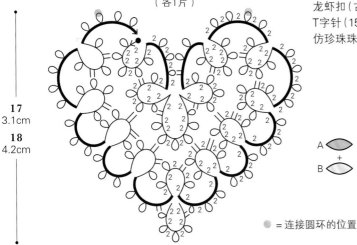

17
3.1cm

18
4.2cm

17 3.5cm　**18** 4.8cm

A 〈椭圆〉
+
B 〈椭圆〉

● =连接圆环的位置

※花片以自己喜欢的一面作为正面。

❶用线梭A按照（2针、耳）5次、2针编织，制作环。
❷翻转，将线梭B上的线挂在左手上，按照（2针、耳）3次、2针编织架桥。
❸翻转，用线梭A按照2针、耳、2针、接耳、（2针、耳）3次、2针编织，制作环。
❹按照2针、接耳、（2针、耳）6次、2针编织，制作环。
❺按照2针、接耳、（2针、耳）4次、2针编织，制作环。
❻翻转，将线梭B上的线挂在左手上，按照2针、接耳、（2针、耳）2次、2针编织架桥。
❼重复编织1次步骤❸。
❽翻转，将线梭B上的线挂在左手上，按照（2针、耳）4次、2针编织架桥。
❾按顺序重复编织步骤❸、❽、❸。
❿翻转，将线梭B上的线挂在左手上，按照（2针、耳）3次、2针编织架桥。
⓫翻转，用线梭A按照2针、耳、（2针、接耳）2次、（2针、耳）2次、2针编织，制作环。
⓬按顺序重复编织步骤❿、⓫、❿。
⓭翻转，用线梭A按照2针、耳、2针、接耳、（2针、耳）2次、2针编织，制作环。
⓮翻转，将线梭B上的线挂在左手上，按照2针、接耳、（2针、耳）4次、2针编织，制作环。
⓯将线梭B上的线挂在左手上，按照2针、接耳、（2针、耳）2次、2针编织，制作环。
⓰按顺序重复编织步骤⓫、❿、⓫、❿。
⓱按顺序重复编织步骤❸、❽。
⓲翻转，用线梭A按照（2针、耳、2针、接耳）2次、2针、耳、2针编织，制作环。
⓳重复编织1次步骤❽。

组合方法

17 项链

将带扣链条对半剪断，分别连接在圆环上

T字针
仿珍珠珠子
圆环
花片

18 挂链

链条
T字针
仿珍珠珠子
圆环（5mm）
圆环（4mm）
龙虾扣
花片

p.15　19

❖使用线材❖
Olympus 梭编蕾丝线
〈中〉黄绿色（T212）约12m
〈中〉浅米色（T203）约4m
❖工具❖
线梭 2个
❖完成尺寸❖
横向8.5cm、纵向8.5cm

花片
（黄绿色 3片）
（浅米色 1片）

※用与p.65作品**17**、**18**相同的方法制作，第2片以后，一边参照图片，
　一边在指定的位置用接耳连接。（按照1~4的顺序制作）
※花片以自己喜欢的一面作为正面。

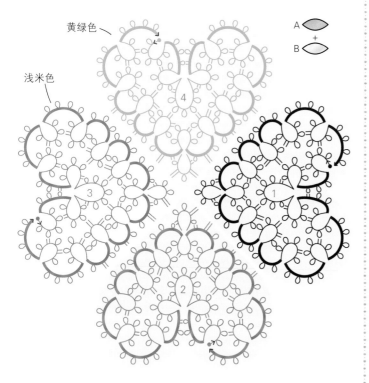

黄绿色

浅米色

A
B +

8.5cm

p.17　22

❖使用线材❖
Olympus 梭编蕾丝线
〈粗〉本白色（T302）
约9m
❖用具❖
线梭 1个
❖完成尺寸❖
直径9.5cm

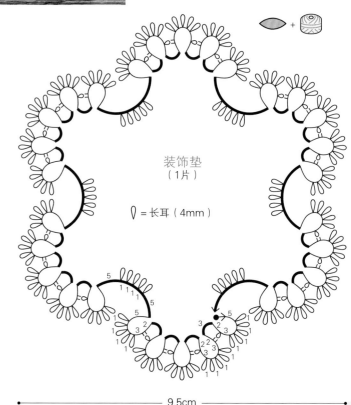

装饰垫
（1片）

🌢 = 长耳（4mm）

9.5cm

❶按照5针、长耳、（1针、长耳）4次、3针、耳、2针编织，制作环。
❷翻转，将线团的线挂在左手上，编织3针的架桥。
❸翻转，按照2针、接耳、3针、长耳、（1针、长耳）4次、3针、耳、2针编织，制作环。
❹重复编织2次步骤❷、❸，重复编织1次步骤❷。
❺翻转，按照2针、接耳、3针、长耳、（1针、长耳）4次、5针编织，制作环。
❻翻转，将线团的线挂在左手上，按照5针、长耳、（1针、长耳）4次、5针编织架桥。
❼翻转，按照5针、长耳、（1针、长耳）4次、3针、耳、2针编织，制作环。
❽重复编织4次步骤❷~❼，重复编织1次步骤❷~❻。

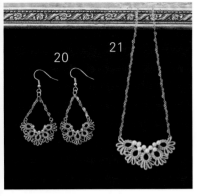

p.16 20、21

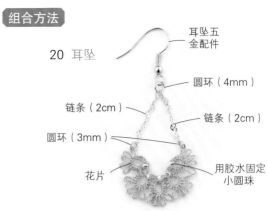

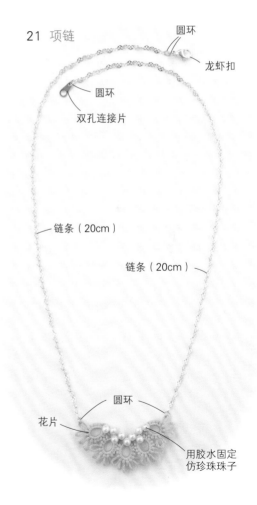

❖ 使用线材 ❖

Olympus 梭编蕾丝线
20〈金属色〉水蓝色（T404）约6m
21〈粗〉浅水蓝色（T310）约2m

❖ 其他材料 ❖
20 耳坠五金配件（U字形　银色）1组
链条（银色）8cm
圆环（3mm　银色）4个
圆环（4mm　银色）2个
小圆珠（银色）10颗
21链条（银色）40cm
圆环（3mm　银色）5个
龙虾扣（银色）1个
双孔连接片（银色）1个
仿珍珠珠子（3mm　白色）9颗

❖ 工具 ❖
线梭　1个

❖ 完成尺寸 ❖
花片部分
20 横向2.8cm、纵向1.8cm
21 横向4.3cm、纵向2.6cm

❖ 制作方法 ❖
1.制作花片。
2.连接五金配件，固定仿珍珠珠子。

20
花片
（2片）

21
花片
（1片）

1.8cm
2.8cm

2.6cm
4.3cm

∇ = 长耳（3mm）
◯ = 固定小圆珠的位置
◯ = 连接圆环的位置

∇ = 长耳（4mm）
◯ = 固定仿珍珠珠子的位置
◯ = 连接圆环的位置

❶按照5针、长耳、（1针、长耳）4次、3针、耳、2针编织，制作环。
❷翻转，将线团的线挂在左手上，编织3针的架桥。
❸翻转，按照2针、接耳、3针、长耳、（1针、长耳）4次、3针、耳、2针编织，制作环。
❹重复编织2次步骤❷、❸。
❺重复编织1次步骤❷。
❻翻转，按照2针、接耳、3针、长耳、（1针、长耳）4次、5针编织，制作环。

组合方法

20 耳坠
耳坠五金配件
圆环（4mm）
链条（2cm）
链条（2cm）
圆环（3mm）
花片
用胶水固定小圆珠

21 项链
圆环
龙虾扣
圆环
双孔连接片
链条（20cm）
链条（20cm）
圆环
花片
用胶水固定仿珍珠珠子

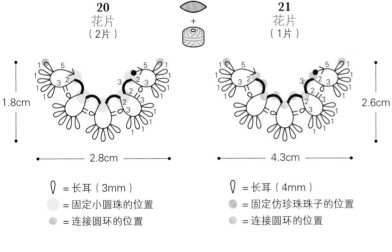

p.18、19　23、24、25

:: 使用线材 ::
Olympus 梭编蕾丝线
23〈金属色〉绿色（T405）约8m
24〈中〉白色（T201）约8m
25〈中〉本白色（T202）约12m

:: 其他材料 ::
23、24 缎带扣（12mm　古金色）2个
圆环（4mm　古金色）2个
磁扣（古金色）1组
25 发卡五金配件（10mm×75mm　古金色）1个
双面天鹅绒缎带（25mm宽　黑色）53cm

:: 工具 ::
线梭 1个

:: 完成尺寸 ::
23、24 宽2cm，长15.5cm
（不含五金配件）
25 横向约10.5m、纵向约3cm

:: 制作方法 ::
23、24
1.制作织带A。
2.连接五金配件。
25
1.制作织带A、B。
2.将织带A、B贴在缎带上，将缎带组合完成，固定在发卡五金配件上。

23、24、25　织带A
（各1片）

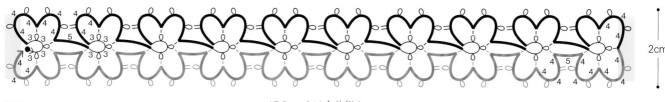

　　　= 23、24连接缎带扣的位置

← 15.5cm（10个花样）→

※组合方法见p.70。

25　织带B
（1片）

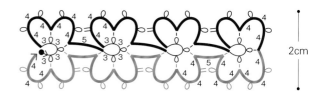

← 2cm

← 6cm（4个花样）→

织带A、B
〈第1行〉
❶按照（3针、耳）3次、3针编织，制作环。
❷翻转，将线团的线挂在左手上，按照（4针、耳）2次、4针编织架桥、线梭连接。
❸按照（4针、耳）2次、4针编织架桥、线梭连接。
❹编织5针的架桥。
❺按照（3针、耳）3次、3针编织，制作环。
❻翻转，将线团的线挂在左手上，按照4针、耳、4针、耳、4针编织架桥、线梭连接。
❼重复编织8次（织带B为2次）步骤❸～❻。
❽重复编织1次步骤❸。

〈第2行〉
❶将线团的线挂在左手上，按照（4针、耳）2次、4针编织架桥、线梭连接。
❷按照（4针、耳）2次、4针编织架桥、线梭连接。
❸编织5针的架桥、线梭连接。
❹按照4针、接耳、4针、耳、4针编织架桥、线梭连接。
❺重复编织8次（织带B为2次）步骤❷～❹。
❻按照（4针、耳）2次、4针编织架桥。

组合方法

23、24 手链

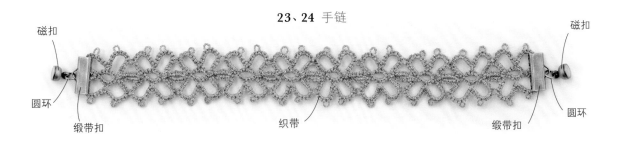

磁扣
圆环
缎带扣
织带
缎带扣
圆环
磁扣

25 发卡

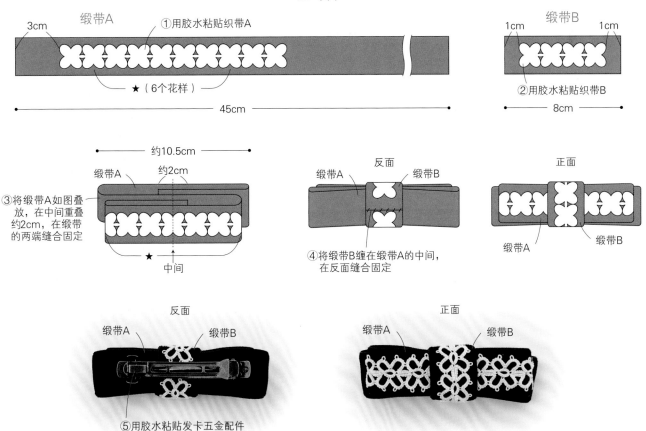

缎带A
3cm
①用胶水粘贴织带A
★（6个花样）
45cm

缎带B
1cm
1cm
②用胶水粘贴织带B
8cm

约10.5cm
约2cm
缎带A
③将缎带A如图叠放，在中间重叠约2cm，在缎带的两端缝合固定
★
中间

反面
缎带A
缎带B
④将缎带B缠在缎带A的中间，在反面缝合固定

正面
缎带A
缎带B

反面
缎带A
缎带B
⑤用胶水粘贴发卡五金配件

正面
缎带A
缎带B

69

🌸 23、24、25　织带的制作方法 🌾

※为了更加清晰易懂，更换了线的颜色。

线梭连接（连接在耳上）

  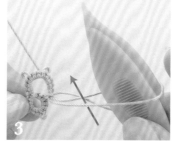 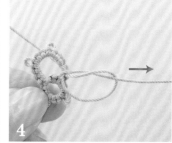

线梭上的线

将线梭的尖头插入耳中，按照箭头方向，挑起线梭上的线。

将线从耳中拉出，拉大线圈。

将线梭从线圈中穿过。

拉动线梭上的线，拉紧线圈。

线梭连接（连接在环的根部）

 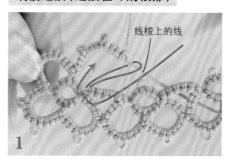 

线梭连接

线梭上的线

线梭连接

上图为拉紧后的样子。在耳上完成了线梭连接。

将线梭的尖头插入环的根部，挑起线梭上的线，制作线梭连接。

在环的根部完成了线梭连接。

处理线头的方法（制作起点一侧没有留下线头时）

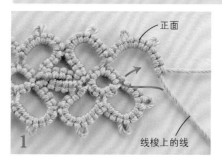 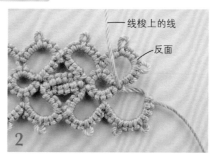 

正面

线梭上的线

线梭上的线

反面

打结2次

上图为做好了最后的架桥的样子。梭编线分别保留约15m长后剪断，将线梭上的线按照箭头方向，从正面穿过最初的环的根部。

线梭上的线穿过后的样子。将织带翻至反面。

在反面将2根线打结，处理线头。（参考p.54）

70

p.22 28

使用线材
Olympus 梭编蕾丝线〈金属色〉
金色（T407）约11m
浅褐色（T410）约5m

其他材料
单环别针（35mm 古金色）1个
圆环（6mm 古金色）1个
T字针（20mm 古金色）1根
链条（古金色）6mm
仿珍珠珠子（7mm 白色）1颗

工具
线梭 2个

完成尺寸
参考组合方法图

制作方法
1.制作花片A、B。
2.连接五金配件、仿珍珠珠子。

花片A
（金色 1片）

━━━ = 用线梭A制作
──── = 用线梭B制作
● = 连接圆环的位置

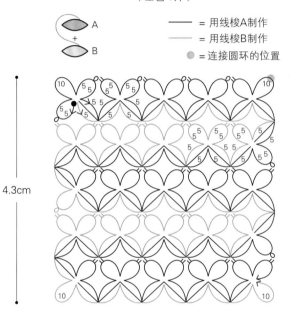

4.3cm

制作顺序
（按照1～100的顺序制作）

花片A
❶用线梭A按照5针、耳、5针编织，制作环（1）。
❷用线梭A编织10针的环（2）。
❸用线梭A按照5针、耳、5针编织，制作环（3）。
❹用线梭A、B连续编织2个各5针的裂环（4、5）。
❺用线梭A按照5针、接耳、5针编织，制作环（6）。
❻重复编织3次步骤❸～❺，制作环（7～18）。
❼用线梭A编织10针的环（19）。
❽用线梭A、B连续编织2个各5针的裂环（20、21）。
❾用线梭B按照5针、接耳、5针编织，制作环（22）。
❿用线梭A按照5针、耳、5针编织，制作环（23）。
⓫用线梭A、B连续编织2个各5针的裂环（24、25）。
⓬用线梭B按照5针、接耳、5针连续编织，制作2个环（26、27）。
⓭重复编织3次步骤⓫、⓬，制作环（28～39）。

⓮用线梭A、B连续编织2个各5针的裂环（40、41）。
⓯用线梭A按照5针、接耳、5针编织，制作环（42）。
⓰用线梭B按照5针、耳、5针编织，制作环（43）。
⓱用线梭A、B连续编织2个各5针的裂环（44、45）。
⓲用线梭A按照5针、接耳、5针连续编织，制作2个环（46、47）。
⓳重复编织3次步骤⓱、⓲，制作环（48～59）。
⓴重复编织1次步骤❽～⓯制作环（60～82）。
㉑用线梭B编织10针的环（83）。
㉒用线梭A、B连续编织2个各5针的裂环（84、85）。
㉓用线梭A按照5针、接耳、5针连续编织，制作2个环（86、87）。
㉔重复编织3次步骤㉒、㉓，制作环（88～99）。
㉕用线梭B编织10针的环（100）。

71

花片B
（浅褐色1片）

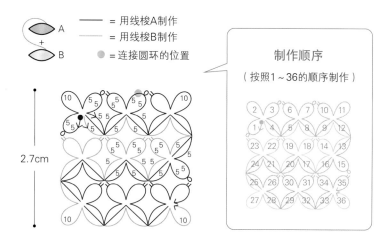

A
+
B

—— = 用线梭A制作
—— = 用线梭B制作
● = 连接圆环的位置

2.7cm

制作顺序
（按照1～36的顺序制作）

花片B
❶用线梭A按照5针、耳、5针编织，制作环（1）。
❷用线梭A编织10针的环（2）。
❸用线梭A按照5针、耳、5针编织，制作环（3）。
❹用线梭A、B连续编织2个各5针的裂环（4、5）。
❺用线梭A按照5针、接耳、5针编织，制作环（6）。
❻重复编织1次步骤❸～❺，制作环（7～10）。
❼用线梭A编织10针的环（11）。
❽用线梭A、B连续编织2个各5针的裂环（12、13）。
❾用线梭B按照5针、接耳、5针编织，制作环（14）。
❿用线梭A按照5针、耳、5针编织，制作环（15）。
⓫用线梭A、B连续编织2个各5针的裂环（16、17）。
⓬用线梭B按照5针、接耳、5针连续编织，制作2个环
（18、19）。
⓭重复编织1次步骤⓫、⓬制作环（20～23）。
⓮用线梭A、B连续编织2个各5针的裂环（24、25）。
⓯用线梭A按照5针、接耳、5针编织，制作环（26）。
⓰用线梭B编织10针的环（27）。
⓱用线梭A、B连续编织2个各5针的裂环（28、29）。
⓲用线梭A按照5针、接耳、5连续编织，制作2个环（30、
31）。
⓳重复编织1次步骤⓱、⓲，制作环（32～35）。
⓴用线梭B编织10针的环（36）。

组合方法

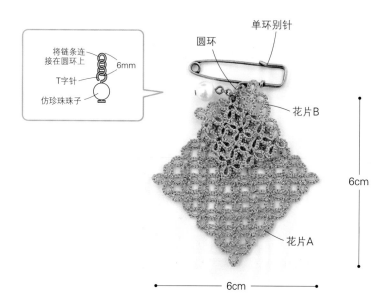

将链条连
接在圆环上
6mm
T字针
仿珍珠珠子

单环别针
圆环
花片B
花片A

6cm
6cm

❀ 花片 A、B 的制作方法 ❀

制作起点

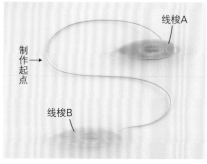

线梭A
制作起点
线梭B

分别在线梭A、B上缠线，在线梭相连的状
态下开始制作。

裂环　使用2个线梭，分别用每个线梭制作半个环。

※为了更加清晰易懂，使用了2种颜色的线进行说明。

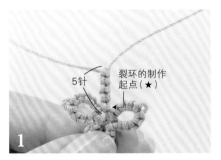

编织好前3个环，继续编织裂环。按照环的制作要领，将线梭A上的线挂在左手上，制作5针。

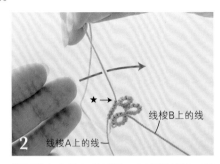

摘下挂在左手上的线圈，上下翻转后，再次挂在左手上。

上图为重新挂好线的样子。制作起点（★）位于上方。将线梭A放在旁边备用，将线梭B拿在右手上。

用线梭B按照上针的制作要领挂线。这时，不移动针目，保持线梭B上的线为缠绕状态。

继续按照下针的制作要领挂线。这次也不移动针目，保持线梭B上的线为缠绕状态。

在步骤4、5中编织好了1针不移动针目的元宝针。

重复步骤4、5，制作全部的5针。

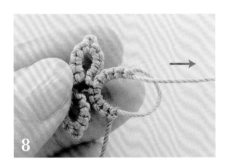

摘下挂在左手上的线圈，拉紧线梭A上的线，形成环。

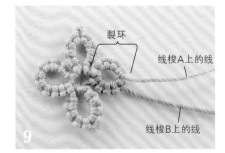

编织好了1个裂环。继续紧邻绳结制作下一个环（或裂环）。

p.20　26　p.21　27

❖使用线材❖

Olympus 梭编蕾丝线

26〈中〉浅紫色（T208）约5m
27〈粗〉本白色（T302）约38m

❖其他材料❖

26 带扣的圆皮绳（米色）40cm
圆环（4mm　银色）7个
芳香珠（直径10mm）1颗

❖工具❖

线梭　2个

❖完成尺寸❖

26 参考组合方法图
27 横向13.5cm、纵向13cm

❖制作方法❖

26

1. 制作花片。
2. 连接五金配件等。
3. 制作并连接流苏。

26
花片
（1片）

A

B

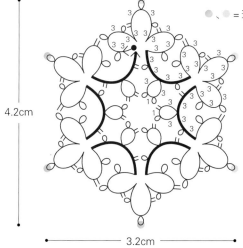

4.2cm

3.2cm

● 、◐ =连接圆环的位置

❶用线梭A按照（3针、耳）3次、3针编织，制作环。
❷按照3针、接耳、（3针、耳）2次、3针连续编织，制作2个环。
❸翻转，将线梭B上的线挂在左手上，按照3针、耳、3针编织架桥。
❹用线梭B按照3针、耳、1针、耳、3针编织，制作环。（参考p.75）
❺将线梭B上的线挂在左手上，按照3针、耳、3针编织架桥。
❻翻转，用线梭A按照3针、耳、3针、接耳、3针、耳、3针编织，制作环。
❼按照3针、接耳、（3针、耳）2次、3针连续编织，制作2个环。
❽翻转，将线梭B上的线挂在左手上，按照3针、接耳、3针编织架桥。
❾用线梭B按照3针、接耳、1针、耳、3针编织，制作环。
❿重复编织3次步骤❺~❾。
⓫将线梭B上的线挂在左手上，按照3针、耳、3针编织架桥。
⓬翻转，用线梭A按照3针、耳、3针、接耳、3针、耳、3针编织，制作环。
⓭按照3针、接耳、（3针、耳）2次、3针编织，制作环。
⓮按照3针、接耳、3针、折2次的接耳、3针、耳、3针编织，制作环。
⓯翻转，将线梭B上的线挂在左手上，按照3针、接耳、3针编织架桥。
⓰用线梭B按照3针、接耳、1针、接耳、3针编织，制作环。
⓱将线梭B上的线挂在手上，按照3针、接耳、3针编织架桥。

组合方法

26 吊坠

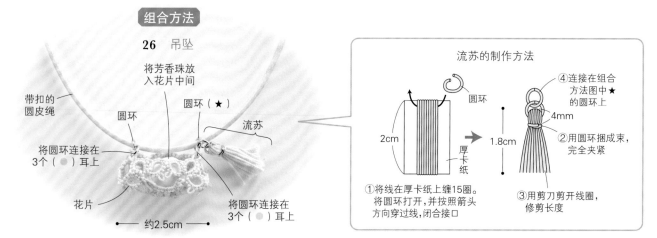

流苏的制作方法

带扣的
圆皮绳

将芳香珠放
入花片中间

圆环（★）

圆环

流苏

将圆环连接在
3个（●）耳上

花片

将圆环连接在
3个（◐）耳上

约2.5cm

①将线在厚卡纸上缠15圈。
将圆环打开，并按照箭头
方向穿过线，闭合接口

2cm

圆环

厚卡纸

1.8cm

④连接在组合
方法图中★
的圆环上

4mm

②用圆环捆成束，
完全夹紧

③用剪刀剪开线圈，
修剪长度

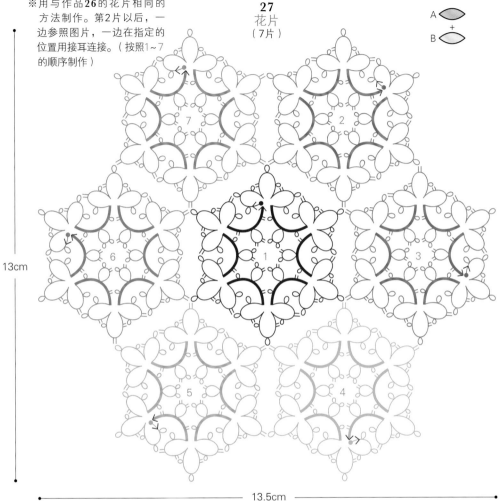

※用与作品26的花片相同的方法制作。第2片以后，一边参照图片，一边在指定的位置用接耳连接。（按照1~7的顺序制作）

27
花片
（7片）

A
+
B

13cm

13.5cm

花片的制作方法

与架桥的弧度同向的环

※为了更加清晰易懂，更换了线的颜色。

正面

1 用线梭A编织好了3个环。

线梭B上的线

正面

反面

2 翻转，将线梭B上的线挂在左手上，一起捏住，编织后面的架桥。

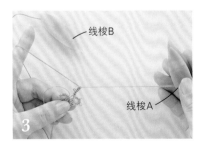

线梭B

线梭A

3 上图为编织好架桥后的样子。

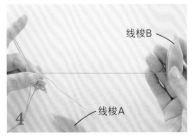

线梭B

线梭A

4 将线梭A放在旁边备用，不翻转，将线梭B上的线挂在左手上，编织环。

5 上图为将环的线圈拉紧后的样子。与架桥的弧度同向的环就编织好了。

正面　正面

反面

6 再将线梭B上的线挂在左手上，用线梭A继续制作架桥。

p.24　31　p.25　32、33

-■使用线材-
Olympus 梭编蕾丝线
31〈金属色〉银色（T401）约18m
　〈中〉浅绿色（T209）约3m
32〈细〉奶油色（T106）约6m
　〈金属色〉浅褐色（T410）约2m
33〈中〉奶油色（T206）约13m
　〈金属色〉浅褐色（T410）约13m

-■其他材料-
31 仿珍珠珠子（5mm　白色）5颗
　发梳五金配件（15齿　银色）1个
32 耳夹五金配件（底座8mm　金色）1组
33 胸花五金配件（底座25mm　金色）1组

-■工具-
线梭 1个

-■完成尺寸-
花片部分
31 横向7.5cm、纵向2.3cm
32 直径1.7cm
33 直径3.8cm

-■制作方法-
1. 制作花片A、B。
2. 连接五金配件等。

31 发梳

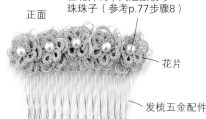

在花片的中间连接仿珍珠珠子（参考p.77步骤8）

正面

花片

发梳五金配件

反面

将花片打结固定在发梳五金配件上

配色和片数

	花片A	花片B	片数
31	浅绿色	银色	各5片
32	浅褐色	奶油色	各2片
33	奶油色	浅褐色	各3片
	浅褐色	奶油色	各3片

花片A

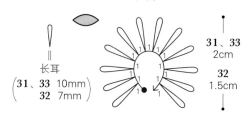

长耳
（31、**33** 10mm
32 7mm）

31、**33** 2cm
32 1.5cm

花片A
按照（1针、长耳）12次、1针编织，制作环。
（不将线圈拉紧，线头保留约15cm长后剪断）

花片B

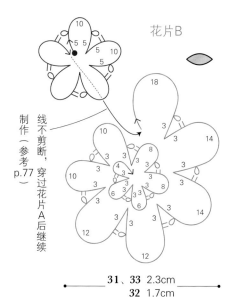

制作（参考p.77）

线不剪断，穿过花片A后继续

31、**33** 2.3cm
32 1.7cm

花片B
〈第1行〉
① 按照5针、耳、10针、耳、5针编织，制作环。
② 按照5针、接耳、10针、耳、5针连续编织，制作3个环。
③ 按照5针、接耳、10针、折2次的接耳、5针编织，制作环。
〈第2行〉
① 按照18针、耳、3针编织，制作环。
② 按照3针、接耳、14针、耳、3针连续编织，制作2个环。
③ 按照3针、接耳、12针、耳、3针连续编织，制作2个环。
④ 按照3针、接耳、10针、耳、3针连续编织，制作2个环。
⑤ 按照3针、接耳、8针、耳、3针连续编织，制作2个环。
⑥ 按照3针、接耳、6针、耳、3针连续编织，制作2个环。
⑦ 按照3针、接耳、4针编织，制作环。

32 耳夹

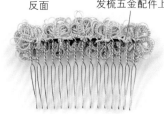

前面
侧面
耳夹五金配件
花片

将花片打结固定在耳夹金属配件的底座上

33 胸花

正面
反面
胸花五金配件
花片

将花片打结固定在胸花五金配件的底座上

※为了更加清晰易懂,更换了线的颜色。

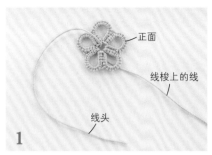

1

花片B的第1行编织好后,不剪断线梭上的线,在反面打结2次。将线头一侧从中间穿出至正面。

2

放在旁边备用的花片A没有拉紧,按照箭头方向,将线梭从正面向反面穿过花片A的环的线圈。

3

穿过线梭后,拉紧花片A的环的线圈。将花片A的2个线头,从花片B的中间穿出备用。

4

在紧邻花片A的位置,开始制作花片B的第2行,制作到最后时,环会排列成螺旋状。将线梭上的线头保留约15cm长后剪断,将线头穿入十字绣针中。

5

将十字绣针穿过螺旋状的环的内侧和花片A的中心,从花片B第1行的中心穿出。

6

从花片B的第1行中心拉出4根线。继续按照箭头方向,将针插入花片B的环与环之间。

7

穿过花片A的中间,再穿过几层花片B的螺旋状的环的线圈。最后,从制作终点的环的中间穿出。

8

然后,再用与步骤5相同的方法穿出。作品**31**,在这里穿过仿珍珠珠子后,将针穿入花片中。

9

所有的线头从花片B的第1行中间穿出。将这些线头每2根并为1束打结,固定在五金配件上,组合完成作品。

重点!

将花片B制作终点一侧的环,按顺时针轻轻扭动,调整形状,使花朵更立体。

p.28、29　38、39、40

❖使用线材❖

Olympus 梭编蕾丝线

38〈中〉白色（T201）约11m

39〈中〉浅紫色（T208）约11m

40〈中〉浅水蓝色（T210）约9m

　〈中〉本白色（T202）约3m

　〈中〉水蓝色系段染线（T604）约1m

※38、39均用单色线制作。

❖其他材料❖

38、39 欧根纱缎带（宽38mm　白色）20cm

缎面缎带（宽3mm　38 黑色　39 本白色）20cm

胸针别针（20mm　古金色）1个

40 欧根纱缎带（宽38mm　白色）20cm

缎带扣（10mm　古金色）1个

仿珍珠珠子（2mm　白色）1颗

圆环（5mm　古金色）1个

带龙虾扣的挂链（古金色）20cm

❖工具❖

线梭 1个

❖完成尺寸❖

花片部分

横向4.3cm、纵向4.5cm

❖制作方法❖

1.制作裙子、身片。

2.制作并连接袖子、花朵花片（仅40）。

3.连接缎带、五金配件、仿珍珠珠子（仅40）。

裙子

〈第1行〉

① 按照（2针、耳）3次、2针编织，制作环。

② 翻转，将线团的线挂在左手上，按照1针、耳、2针编织架桥。

③ 翻转，按照2针、接耳、（2针、耳）2次、2针编织，制作环。

④ 翻转，将线团的线挂在左手上，按照2针、耳、2针编织架桥。

⑤ 翻转，按照2针、接耳、（3针、耳）2次、2针编织，制作环。

⑥ 翻转，将线团的线挂在左手上，按照2针、耳、3针编织架桥。

⑦ 重复编织1次步骤⑤。

⑧ 翻转，将线团的线挂在左手上，按照3针、耳、3针编织架桥。

⑨ 翻转，按照3针、接耳、3针、耳、6针编织，制作环。

⑩ 翻转，将线团的线挂在左手上，按照3针、耳、10针编织架桥、线梭连接。

〈第2行〉

① 将线团的线挂在左手上，按照10针、耳、3针编织架桥。

② 翻转，按照6针、接耳、3针、耳、3针编织，制作环。

③ 翻转，将线团的线挂在左手上，按照3针、耳、3针编织架桥。

④ 翻转，按照2针、接耳、3针、接耳、3针、耳、2针编织，制作环。

⑤ 翻转，将线团的线挂在左手上，按照3针、耳、2针编织架桥。

⑥ 重复编织1次步骤④。

⑦ 翻转，将线团的线挂在左手上，按照2针、耳、2针编织架桥。

⑧ 翻转，按照（2针、接耳）2次、2针、耳、2针编织，制作环。

⑨ 翻转，将线团的线挂在左手上，按照2针、耳、1针编织架桥。

⑩ 重复编织1次步骤⑧。

〈第3行〉

① 渡线1mm，按照（2针、耳）3次、2针编织，制作环。

② 用相同的方法重复第1行的步骤②~⑩（架桥的耳均用接耳连接在前一行的耳上）。

〈第4~7行〉

用相同的方法重复编织第2、3行。

〈第8行〉

用相同的方法重复编织第2行（架桥的耳均用接耳连接在第1行的耳上）。

最后，渡线1mm后，穿过第1行最初的环的根部，打结。

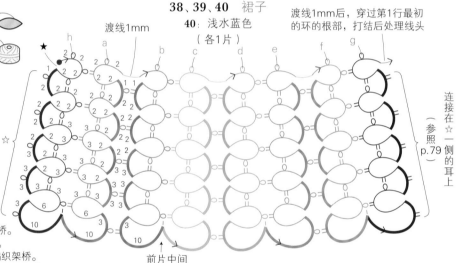

38、39、40　裙子

40：浅水蓝色

（各1片）

渡线1mm

渡线1mm后，穿过第1行最初的环的根部，打结后处理线头

h a b c d e f g

连接在☆一侧的耳上（参照p.79）

前片中间

38、39、40　袖子

40：浅水蓝色

（各2片）

※制作起点和终点的线头，分别保留约10cm长备用。

袖子

① 按照3针、耳、（1针、耳）2次、3针编织，制作环。

② 翻转，将线团的线挂在左手上，编织3针的架桥。

③ 翻转，按照3针、接耳、（1针、耳）2次、3针编织，制作环。

④ 重复编织2次步骤②、③。

⑤ 翻转，将线团的线挂在左手上，编织3针的架桥。

⑥ 翻转，按照3针、接耳、1针、耳、1针、接耳、3针编织，制作环。

38、39、40 身片

40：本白色
（各1片）

● =袖穿线的位置

※第1行用线梭连接在裙子的a～h的耳上。

前片中间

侧边 →

← 侧边

身片

〈第1行〉
❶ 在裙子的耳上做线梭连接（a）。
❷ 将线团的线挂在左手上，编织4针的架桥，在裙子的耳上做线梭连接（b）。
❸ 重复编织2次步骤❷（分别按照c、d的顺序做线梭连接）。
❹ 编织2针的架桥，在裙子的耳上线梭连接（e）。
❺ 重复编织3次步骤❷（分别按照f、g、h的顺序做线梭连接）。
❻ 编织2针的架桥、线梭连接（a）。

〈第2行〉
❶ 将线团的线挂在左手上，编织4针的架桥、线梭连接。
❷ 重复编织2次步骤❶。
❸ 编织2针的架桥、线梭连接。
❹ 重复编织3次步骤❶，重复编织1次步骤❸。

〈第3、4行〉
按照与第2行相同的方法制作。

〈第5行〉
❶ 将线团的线挂在左手上，按照（1针、耳）3次、1针编织架桥、线梭连接。
❷ 重复编织2次步骤❶。
❸ 编织2针的架桥、线梭连接。
❹ 重复编织3次步骤❶，重复编织1次步骤❸。

40 花片A

水蓝色系段染线（1片）

花片A
❶ 按照2针、耳、（1针、耳）3次、2针编织，制作环。
❷ 按照2针、接耳、（1针、耳）3次、2针编织，制作环。
❸ 按照2针、接耳、（1针、耳）2次、1针、折2次的接耳、2针编织，制作环。

40 花片B

水蓝色系段染线（1片）

花片B
❶ 按照3针、耳、（1针、耳）4次、3针编织，制作环。
❷ 按照3针、接耳、（1针、耳）4次、3针连续编织，制作2个环。
❸ 按照3针、接耳、（1针、耳）3次、1针、折2次的接耳、3针编织，制作环。

❁ 裙子的制作方法 ❁

渡线

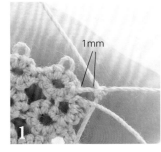

1 在距离最后一针1mm的位置，编织下一个环的第1针。

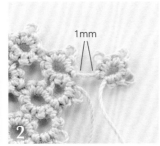

2 环与环之间渡线1mm。

第8行架桥的接耳（在☆处连接）

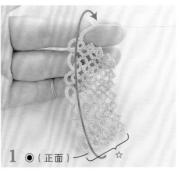

1 编至第8行架桥的接耳之前，按照箭头方向，将第1行折向前侧。

2 将第1行与第8行的架桥相对形成筒状，左手拿住，在☆处用接耳连接。

组合方法

①制作裙子

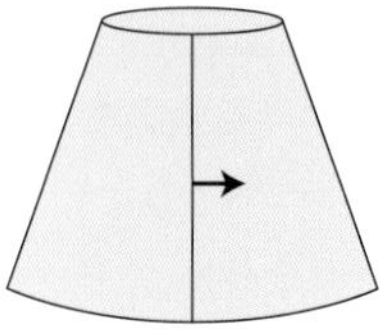

②一边和裙子连接，一边制作身片

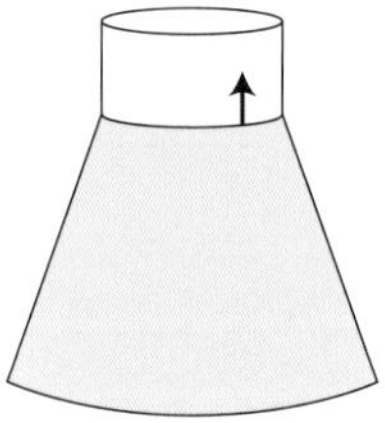

将袖子制作起点与终点的线头，各取1根穿过身片的指定位置，分别在反面打结固定

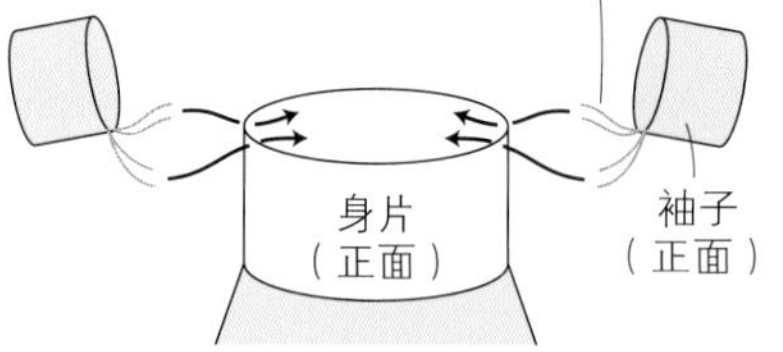

身片（正面）　袖子（正面）

38、39 胸针

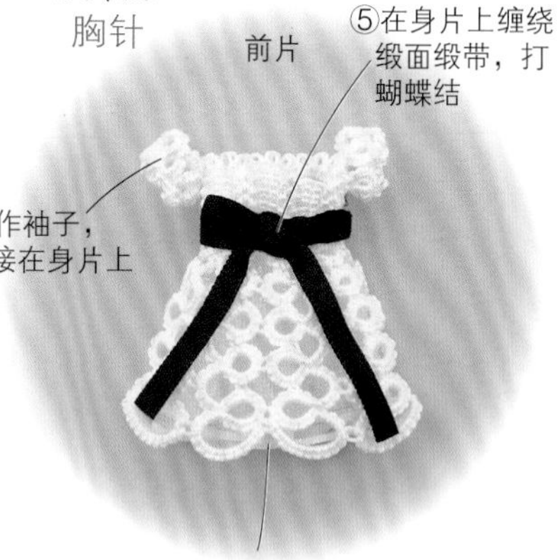

⑤在身片上缠绕缎面缎带，打蝴蝶结

前片

③制作袖子，连接在身片上

④组合欧根纱缎带，连接在裙子、身片的内侧

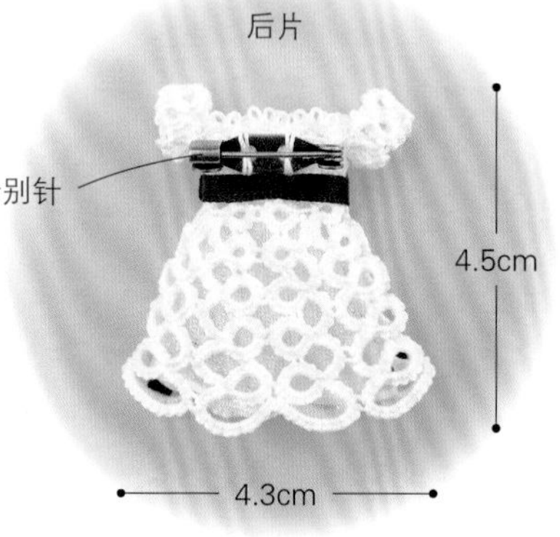

后片

⑥缝合固定胸针别针

4.5cm

4.3cm

带龙虾扣的挂链

前片

40 包挂

※①~④与 **38、39** 相同。

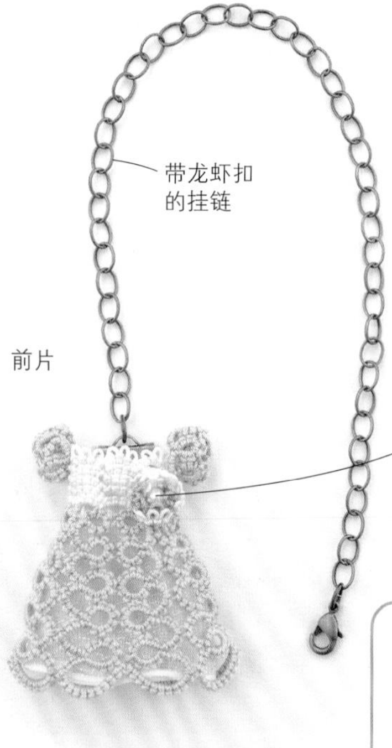

⑤将花朵花片A、B反面相对重叠，与仿珍珠珠子一起缝合连接在身片上

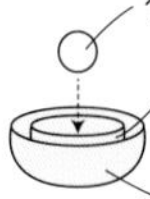

仿珍珠珠子
花朵花片A（正面）
花朵花片B（正面）

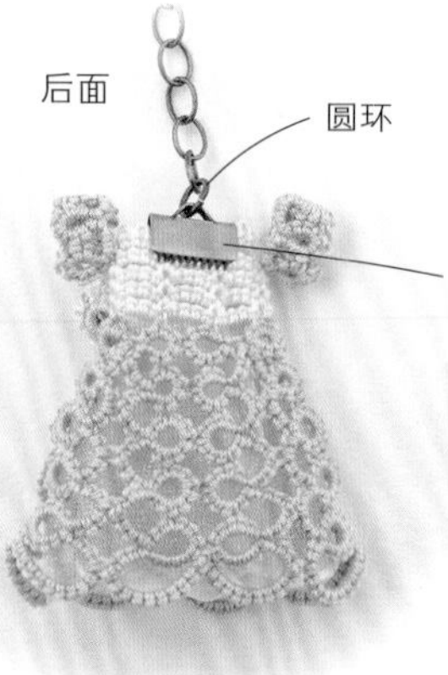

后面

圆环

⑥固定缎带扣，在圆环上连接挂链

细密平针缝，拉线形成褶皱

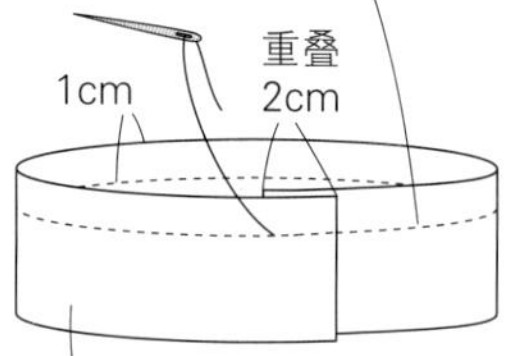

重叠 2cm

1cm

欧根纱缎带（20cm）

放入裙子、身片的内侧，将细密平针缝的部分对齐身片的第1行，隐蔽地缝合连接

80

p.26　34、35、36　p.27　37

·꞉ 使用线材 ꞉·

Olympus 梭编蕾丝线

34〈金属色〉浅褐色（T410）约4m
　〈金属色〉黑色（T411）约3m
35〈中〉紫色系段染线（T603）约6m
36〈中〉本白色（T202）约6m
37〈中〉本白色（T202）约4m
　〈中〉奶油色（T206）约2m
　〈中〉浅粉色（T207）约2m
　〈中〉浅绿色（T209）约2m
　〈细〉本白色（T102）约14m
　〈细〉奶油色（T106）约2m
　〈细〉浅粉色（T107）约2m
　〈细〉浅绿色（T109）约2m

·꞉ 其他材料 ꞉·

34 耳坠五金配件（U字形　黑色）1组
　圆环（4mm　黑色）4个
　缎面缎带（宽3mm　黑色）30cm
35、36 包扣五金配件（直径38mm）1组
　胸针别针（25mm　银色）1个
　布片　直径7cm
37 带扣链条（银色）40cm
　圆环（4mm　银色）2个
　C字环（3mm×4mm　银色）13个

·꞉ 工具 ꞉·

线梭　1个

·꞉ 完成尺寸 ꞉·

34 直径3cm（花片部分）
35、36 直径3.8cm
37 参考组合方法图

·꞉ 制作方法 ꞉·

34、37
1. 制作花片。
2. 连接五金配件等。

35、36
1. 制作花片。
2. 用布包裹包扣五金配件，粘贴花片。
3. 在反面固定胸针别针。

34、37 花片A

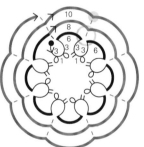

● = 34 连接圆环的位置
○ = 34 连接缎带的位置

※ **37** 连接C字环的位置，
参考组合方法（p.83）。

※ 花片A、B的配色和片数，参考配色和片数表（p.82）。

〈金属色〉3cm
〈中〉3.2cm
〈细〉2.3cm

花片A
〈第1行〉
❶ 按照3针、耳、1针、耳、3针编织，制作环。
❷ 翻转，将线团的线挂在左手上，编织6针的架桥。
❸ 翻转，按照3针、接耳、1针、耳、3针编织，制作环。
❹ 重复编织5次步骤❷、❸。
❺ 翻转，将线团的线挂在左手上，编织6针的架桥。
❻ 翻转，按照3针、接耳、1针、接耳、3针编织，制作环。
❼ 翻转，将线团的线挂在左手上，编织6针的架桥、线梭连接。
〈第2行〉
将线团的线挂在左手上，编织8针的架桥、线梭连接，重复编织8次。
〈第3行〉
将线团的线挂在左手上，编织10针的架桥、线梭连接，重复编织8次。

35、36、37 花片B

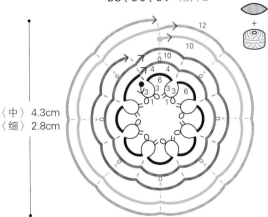

〈中〉4.3cm
〈细〉2.8cm

花片B
第1行用与花片A相同的方法制作。
〈第2行〉
将线团的线挂在左手上，编织4针、耳、4针的架桥、线梭连接，重复编织8次。
〈第3行〉
将线团的线挂在左手上，编织10针的架桥、线梭连接，重复编织8次。

〈第4行〉
❶ 在第2行的耳上做线梭连接。（参考 p.82）
❷ 将线团的线挂在左手上，编织10针的架桥、线梭连接，重复编织8次。
〈第5行〉
将线团的线挂在左手上，编织12针的架桥、线梭连接，重复编织8次。

配色和片数

	花片	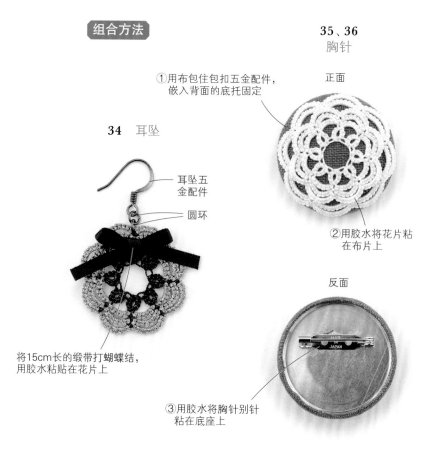(梭)	(线团)	片数
34	A	黑色	浅褐色	2片
35	B	紫色系段染	紫色系段染	1片
36	B	本白色	本白色	1片
37	A-1	本白色	奶油色	〈细〉2片
	A-2	本白色	浅粉色	〈细〉1片 〈中〉1片
	A-3	本白色	浅绿色	〈细〉1片 〈中〉1片
	A-4	本白色	本白色	〈细〉1片 〈中〉1片
	B	本白色	本白色	〈细〉2片

组合方法

35、36 胸针

34 耳坠

①用布包住包扣五金配件，嵌入背面的底托固定

正面

耳坠五金配件

圆环

②用胶水将花片粘在布片上

反面

将15cm长的缎带打蝴蝶结，用胶水粘贴在花片上

③用胶水将胸针别针粘在底座上

✿ 花片 A、B 的制作方法 ✿

※为了更加清晰易懂，更换了线的颜色。

在线梭连接上做线梭连接
（第3行以后的连接方法）

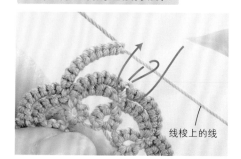

线梭上的线

第3行以后，按照箭头方向，在前一行线梭连接上的缝隙中，穿入线梭的尖头并挑线，继续编织线梭连接。

每行最初的线做线梭连接
（花片B第4行的制作起点）

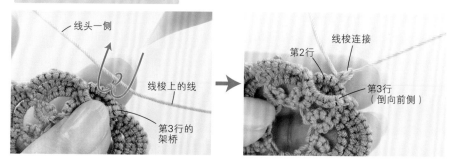

线头一侧

线梭上的线

第3行的架桥

第2行

线梭连接

第3行
（倒向前侧）

花片B的第4行的最初，在距离线梭的线头约15cm处，将线从第2行的耳中拉出，做线梭连接。（这时，第3行的架桥倒向前侧）

37 项链

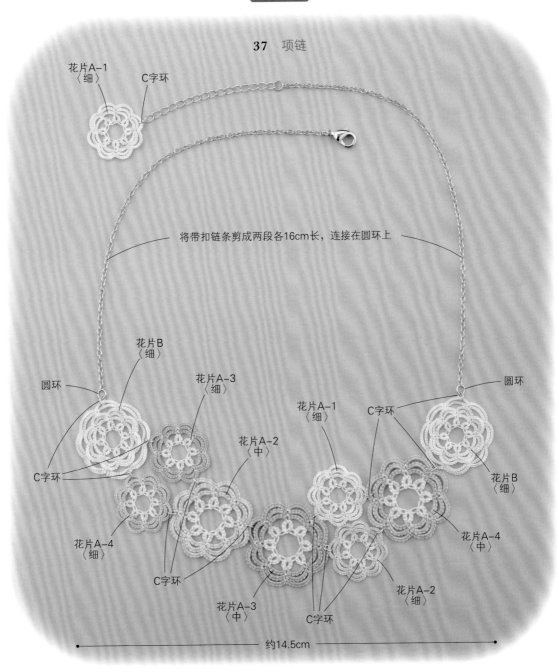

花片A-1〈细〉

C字环

将带扣链条剪成两段各16cm长，连接在圆环上

花片B〈细〉

花片A-3〈细〉

圆环

花片A-2〈中〉

花片A-1〈细〉

C字环

圆环

C字环

花片B〈细〉

花片A-4〈细〉

C字环

花片A-4〈中〉

花片A-3〈中〉

C字环

花片A-2〈细〉

约14.5cm

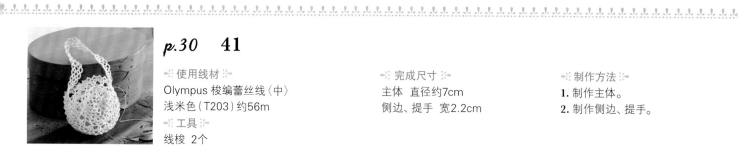

p.30 **41**

❖ 使用线材 ❖
Olympus 梭编蕾丝线〈中〉
浅米色（T203）约56m
❖ 工具 ❖
线梭 2个

❖ 完成尺寸 ❖
主体 直径约7cm
侧边、提手 宽2.2cm

❖ 制作方法 ❖
1. 制作主体。
2. 制作侧边、提手。

主体
〈第1行〉
① 按照4针、耳、2针、耳、6针、耳、2针、耳、4针编织，制作环。
② 按照4针、接耳、2针、耳、6针、耳、2针、耳、4针连续编织，制作3个环。
③ 按照4针、接耳、2针、耳、6针、耳、2针、折2次的接耳、4针编织，制作环。
〈第2行〉
① 用线梭A在第1行的耳上做线梭连接。
② 将线梭B的线挂在左手上，编织3针的架桥。
③ 用线梭B按照4针、耳、（3针、耳）2次、4针编织，制作环。
④ 将线梭B的线挂在左手上，编织3针的架桥。
⑤ 用线梭B按照4针、接耳、（3针、耳）2次、4针编织，制作环。
⑥ 将线梭B的线挂在左手上，编织3针的架桥、线梭连接。
⑦ 将线梭B的线挂在左手上，编织4针的架桥。
⑧ 用线梭B按照4针、接耳、（3针、耳）2次、4针编织，制作环。
⑨ 将线梭B的线挂在左手上，编织4针的架桥、线梭连接。
⑩ 将线梭B的线挂在左手上，编织3针的架桥。
⑪ 用线梭B按照4针、接耳、（3针、耳）2次、4针编织，制作环。
⑫ 重复编织3次步骤④～⑪。
⑬ 重复编织1次步骤④～⑦。
⑭ 用线梭B按照4针、接耳、3针、耳、3针、折2次的接耳、4针编织，制作环。
⑮ 将线梭B的线挂在左手上，编织4针的架桥、线梭连接。
〈第3行〉
① 在第2行的耳上做线梭连接。
② 将线团的线挂在左手上，按照2针、耳、（3针、耳）2次、2针编织架桥、线梭连接。
③ 按照2针、接耳、（3针、耳）2次、2针编织架桥、线梭连接。
④ 重复编织12次步骤③。
⑤ 按照2针、接耳、3针、耳、3针、折2次的接耳、2针编织架桥、线梭连接。
〈第4行〉
① 在第3行的耳上线梭连接。
② 将线团的线挂在左手上，按照4针、耳、4针编织架桥、线梭连接。
③ 重复编织14次步骤②。
〈第5行〉
① 按照2针、耳、3针、接耳、3针、耳、2针编织，制作环。
② 按照2针、接耳、2针、耳、4针编织，制作环。
③ 翻转，将线团的线挂在左手上，按照4针、耳、2针、耳、2针编织架桥、线梭连接。
④ 按照2针、接耳、2针、耳、4针编织架桥。
⑤ 翻转，按照4针、接耳、2针、耳、2针编织，制作环。

⑥ 按照2针、接耳、3针、接耳、3针、耳、2针编织，制作环。
⑦ 重复编织13次步骤②～⑥。
⑧ 重复编织1次步骤②～④。
⑨ 翻转，按照4针、（接耳、2针）2次编织，制作环。

侧边、提手（第1片）
① 按照（4针、耳）3次、4针编织，制作环。
② 翻转，将线团的线挂在左手上，按照4针、接耳、4针编织架桥。
③ 翻转，按照4针、接耳、（4针、耳）2次、4针编织，制作环。
④ 重复编织9次步骤②、③。
⑤ 翻转，将线团的线挂在左手上，编织8针的架桥。
⑥ 翻转，按照4针、接耳、（4针、耳）2次、4针编织，制作环。
⑦ 重复编织22次步骤⑤、⑥。
⑧ 重复编织8次步骤②、③，重复编织1次步骤②。
⑨ 翻转，按照4针、接耳、4针、耳、4针、接耳、4针编织，制作环。
⑩ 翻转，将线团的线挂在左手上，按照4针、接耳、4针编织架桥。

侧边、提手（第2片）
① 按照4针、耳、4针、接耳、4针、耳、4针编织，制作环。
② 翻转，将线团的线挂在左手上，按照4针、接耳、4针编织架桥。
③ 翻转，按照（4针、接耳）2次、4针、耳、4针编织，制作环。
④ 重复编织9次步骤②、③。
⑤ 翻转，将线团的线挂在左手上，编织8针的架桥。
⑥ 翻转，按照（4针、接耳）2次、4针、耳、4针编织，制作环。
⑦ 重复编织22次步骤⑤、⑥。
⑧ 重复编织8次步骤②、③，重复编织1次步骤②。
⑨ 翻转，按照（4针、接耳）3次、4针编织，制作环。
⑩ 翻转，将线团的线挂在左手上，按照4针、接耳、4针编织架桥。

84

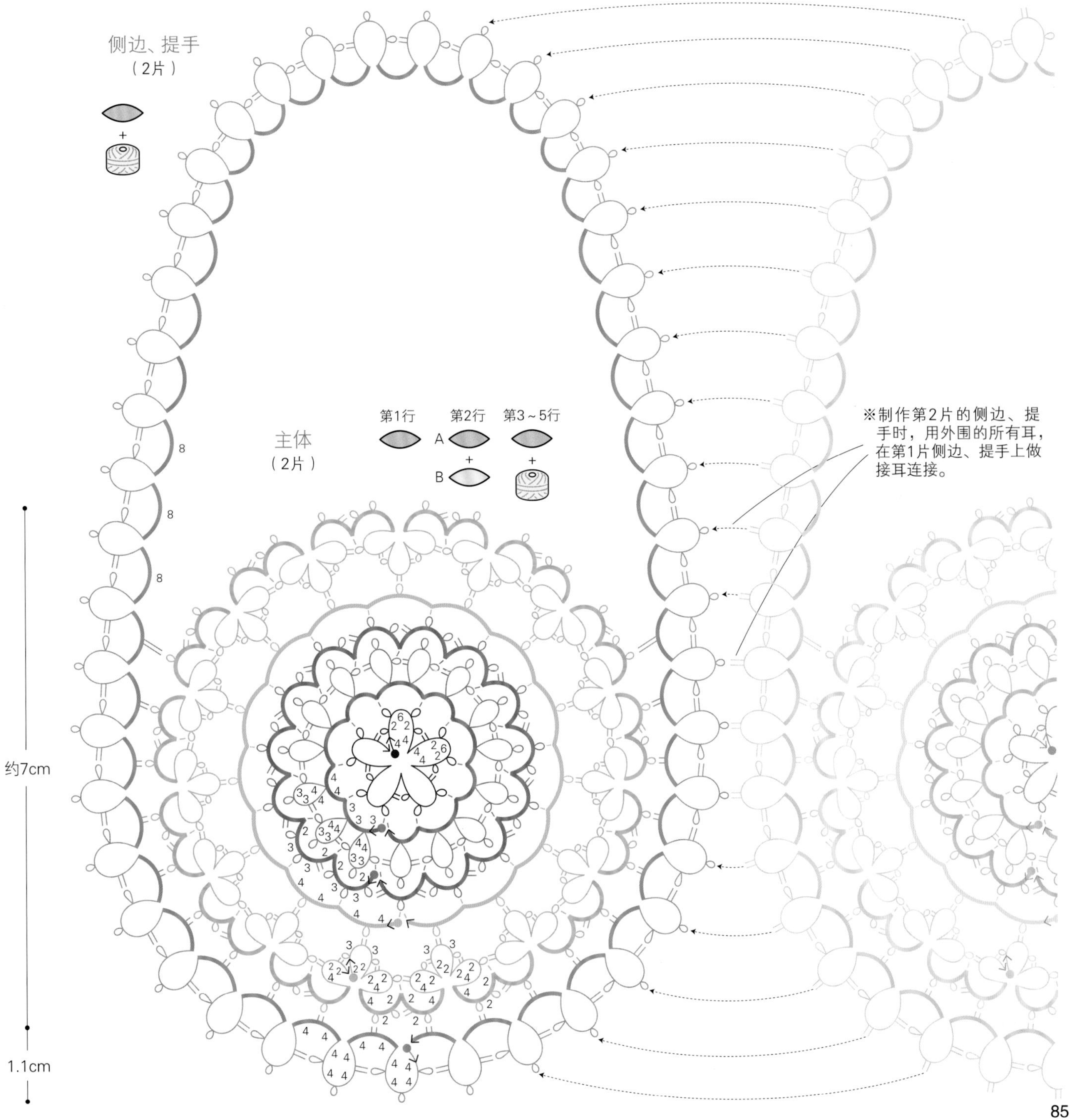

側边、提手
（2片）

主体
（2片）

第1行　第2行　第3～5行
A
+
B

※制作第2片的侧边、提手时，用外围的所有耳，在第1片侧边、提手上做接耳连接。

约7cm

1.1cm

8
8
8
8

85

42　43

p.31　42、43

❀使用线材❀

Olympus 梭编蕾丝线

42〈粗〉浅米色（T303）约40m

43〈中〉浅粉色（T207）约24m

〈中〉浅米色（T203）约7m

❀其他材料❀

扣子（**42** 11mm　**43** 9mm）1个

❀工具❀

线梭 2个

❀完成尺寸❀

42 横向7.6cm、纵向9cm

43 横向4.8cm、纵向7.8cm

❀制作方法❀

1. 制作主体、袋口。
2. 制作边缘。
3. 连接扣子。

42 主体

① 用线梭A按照5针、耳、5针连续编织，制作2个环（1、2）。
② 用线梭A、B连续编织2个各5针的裂环（3、4）。
③ 用线梭B按照5针、接耳、5针编织，制作环（5）。
④ 用线梭A、B连续编织2个各5针的裂环（6、7）。
⑤ 用线梭A按照5针、耳、5针编织，制作环（8）。
⑥ 用线梭A、B连续编织2个各5针的裂环（9、10）。
⑦ 用线梭B按照5针、接耳、5针连续编织，制作2个环（11、12）。
⑧ 按顺序重复编织1次步骤6、7、6制作环（13～18）。
⑨ 用线梭B按照5针、接耳、5针编织，制作环（19）。
⑩ 用线梭A、B连续编织2个各5针的裂环（20、21）。
⑪ 用线梭A按照5针、接耳、5针编织，制作环（22）。
⑫ 用线梭B按照5针、耳、5针编织，制作环（23）。
⑬ 用线梭A、B连续编织2个各5针的裂环（24、25）。
⑭ 用线梭A按照5针、接耳、5针连续编织，制作2个环（26、27）。
⑮ 重复编织2次步骤13、14制作环（28～35）。
⑯ 用线梭A、B连续编织2个各5针的裂环（36、37）。
⑰ 用线梭B按照5针、接耳、5针编织，制作环（38）。
⑱ 用线梭A按照5针、耳、5针编织，制作环（39）。
⑲ 用线梭A、B连续编织2个各5针的裂环（40、41）。
⑳ 用线梭B按照5针、接耳、5针连续编织，制作2个环（42、43）。
㉑ 重复编织2次步骤19、20制作环（44～51）。
㉒ 重复编织5次步骤10～21制作环（52～211）。
㉓ 用线梭A、B编织各5针的裂环（212）。

42 袋口

① 将线梭B上的线挂在左手上，按照（3针、耳）2次、3针编织架桥、线梭连接。
② 重复编织3次步骤①。
③ 翻至反面，将线梭A上的线挂在左手上，按照7针下针、线梭连接重复编织12次。

组合方法

42
线梭袋

盖好盖子的样子

连接扣子

43
线梭袋

盖好盖子的样子

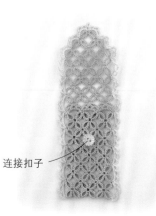

连接扣子

❀ 42 袋口、边缘的第 2 行的制作方法 ❀

※为了更加清晰易懂，更换了线的颜色。

7针下针

1

连续制作下针（上图为制作好了7针的样子）。

线梭连接

2

在前一行的耳上做线梭连接。

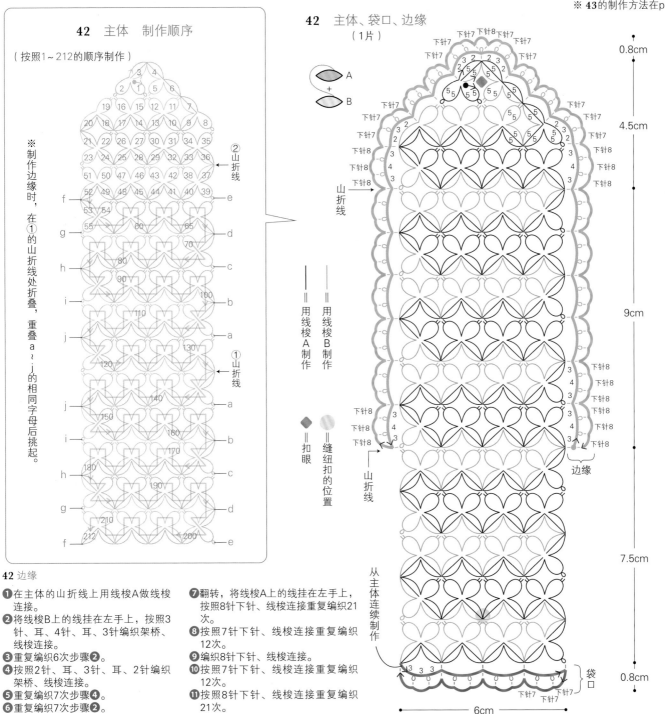

※ 43的制作方法在p.88。

42 主体 制作顺序

（按照1~212的顺序制作）

※制作边缘时，在①的山折线处折叠，重叠a~j的相同字母后挑起。

②山折线

①山折线

42 主体、袋口、边缘（1片）

A + B

山折线

= 用线梭A制作
= 用线梭B制作

◆ = 扣眼
= 缝纽扣的位置

下针7 下针8

0.8cm
4.5cm
9cm
7.5cm
0.8cm
6cm

袋口

边缘

山折线

从主体连续制作

42 边缘

❶在主体的山折线上用线梭A做线梭连接。

❷将线梭B上的线挂在左手上，按照3针、耳、4针、耳、3针编织架桥、线梭连接。

❸重复编织6次步骤❷。

❹按照2针、耳、3针、耳、2针编织架桥、线梭连接。

❺重复编织7次步骤❹。

❻重复编织7次步骤❷。

❼翻转，将线梭A上的线挂在左手上，按照8针下针、线梭连接重复编织21次。

❽按照7针下针、线梭连接重复编织12次。

❾编织8针下针、线梭连接。

❿按照7针下针、线梭连接重复编织12次。

⓫按照8针下针、线梭连接重复编织21次。

43　主体、袋口、边缘
主体、袋口　浅粉色
边缘　浅米色
（1片）

＝用线梭A制作
＝用线梭B制作
＝缝纽扣的位置
＝扣眼

A
＋
B

43　主体　制作顺序

（按照1～168的顺序制作）

②山折线

①山折线

※制作边缘时，在①的山折线处折叠，重叠a～j的相同字母后挑起。

0.6cm
3.6cm
←山折线
7.8cm
边缘
山折线
6cm
从主体连续制作
0.6cm
袋口
3.6cm

43　主体

❶用线梭A按照6针、耳、6针编织，制作环（1）。
❷用线梭A、B连续编织2个各6针的裂环（2、3）。
❸用线梭A按照6针、耳、6针编织，制作环（4）。
❹用线梭A、B连续编织2个各6针的裂环（5、6）。
❺用线梭B按照6针、接耳、6针连续编织，制作2个环（7、8）。
❻用线梭A、B连续编织2个各6针的裂环（9、10）。
❼用线梭B按照6针、接耳、6针编织，制作环（11）。
❽用线梭A、B连续编织2个各6针的裂环（12、13）。
❾用线梭A按照6针、接耳、6针编织，制作环（14）。
❿用线梭B按照6针、接耳、6针编织，制作环（15）。
⓫用线梭A、B连续编织2个各6针的裂环（16、17）。
⓬用线梭A按照6针、接耳、6针连续编织，制作2个环（18、19）。
⓭重复编织1次步骤⓫、⓬，制作环（20～23）。
⓮用线梭A、B连续编织2个各6针的裂环（24、25）。
⓯用线梭B按照6针、接耳、6针编织，制作环（26）。
⓰用线梭A按照6针、耳、6针编织，制作环（27）。
⓱用线梭A、B连续编织2个各6针的裂环（28、29）。
⓲用线梭B按照6针、接耳、6针连续编织，制作2个环（30、31）。
⓳重复编织1次步骤⓱、⓲，制作环（32～35）。
⓴重复编织5次步骤❽～⓳，制作环（36～155）。
㉑重复编织1次步骤❽～⓭，制作环（156～167）。
㉒用线梭A、B编织各6针的裂环（168）。

43　袋口

❶将线梭A上的线挂在左手上，按照（3针、耳）2次、3针编织架桥、线梭连接。
❷重复编织2次步骤❶。
❸翻至反面，将线梭B上的线挂在左手上，按照4针、线梭连接重复编织9次。

43　边缘

❶在主体的山折线上用线梭A做线梭连接。
❷将线梭B上的线挂在左手上，按照（3针、耳）2次、3针编织架桥、线梭连接。
❸重复编织7次步骤❷。
❹按照3针、耳、2针、耳、3针编织架桥、线梭连接。
❺重复编织5次步骤❹。
❻重复编织8次步骤❷。
❼翻转，将线梭A上的线挂在左手上，按照5针、线梭连接重复编织24次。
❽按照4针、线梭连接重复编织9次。
❾编织5针、线梭连接。
❿按照4针、线梭连接重复编织9次。
⓫按照5针、线梭连接重复编织24次。